KB238056

출발!
1박 2일
캠핑 과학

출발! 1박 2일 캠핑 과학

텐트 설치부터 천체관측까지, 세상 모든 야영의 과학

권홍진·신지영·한문정 지음

곰곰

여러분은 캠핑을 좋아하나요? 캠핑은 다채로운 시간과 공간이 펼쳐지는 매력적인 활동입니다. 캠핑에는 별빛과 바람이 머무는 공간, 풀벌레 노랫소리를 들으며 잠드는 공간, 테이블과 의자를 펼쳐 놓고 차 한 잔의 여유를 즐기는 공간, 노랑부터 초록, 진초록, 청록까지 형형색색 잎사귀가 살랑대는 숲의 공간이 있습니다.

캠핑을 할 때는 시간이 유독 느리게 흐릅니다. 반짝이는 햇살을 가만히 만져 보는 시간, 노을이 지고 별이 뜨는 과정을 음미하는 시간, 밤하늘 너머 우주를 곰곰 헤아리는 시간이 그렇지요. 소중한 사람들과 한 끼 식사를 나누고, 부른 배를 두드리며 타닥타닥 장작 소리와 함께 '불멍' 하는 시간은 생각만으로도 마음이 따뜻해집니다. 게다가 캠핑의 시간은 우리의 일상을 넘어 긴 계절과 역사를 드러냅니다. 구름이 생기고 꽃이 피고 나무가 자라는 시간, 곤충들이 꽃가루를 옮기는 시간, 암석이 풍화되는 시간으로 지루할 새 없이 채워져 있어요.

그 모든 시간과 공간에 과학이 함께 머뭅니다. 다양한 과학 원리는 캠핑의 경험을 더욱 특별하게 만들어 주지요. 이 책은 평소에는 미처 깨닫지 못했을 숨겨진 과학의 세계를 탐구합니다. 지금부터 캠핑을 준비하고 캠핑장에서 1박 2일을 지내는 모든 과정을 과학의 눈으로 바라볼 거예요.

'아침 무지개는 비, 저녁 무지개는 맑음'이라는 속담은 어디서 나왔을까?

매트를 고를 때 왜 R 밸류를 봐야 할까?

시에라 컵은 어떻게 캠핑의 필수품이 되었을까?

식물의 잎차례와 피보나치 수열은 무슨 관계가 있을까?

'불멍'을 하면 왜 마음이 편안해질까?

불빛에 모여든 곤충들은 왜 불규칙한 방향으로 날아다닐까?
마법 같은 불꽃을 만드는 오로라 가루의 정체는 무엇일까?

질문에 대한 답을 같이 찾아볼까요? 이외에도 날씨 예측하기, 나에게 맞는 텐트 설치하기, 캠핑 장비 준비하기, 맛있는 바비큐 굽기, 캠프파이어 하기, 천체 관측하기, 냉난방 용품 활용하기, 일출 사진 찍기 등 캠핑의 하루를 따라 다양한 주제를 만나 봅시다. 각각의 과정에서 캠핑의 즐거움이 어떻게 과학과 연결되어 있는지 탐구할 수 있을 거예요. 여기에 더해 기후 위기 시대를 살아가고 있는 우리에게 필요한 '지속 가능한 캠핑'을 함께 고민해 보고, 안전한 캠핑을 위한 기본 수칙과 상비약에 대해서도 알아볼 예정이에요.

이 책을 쓰기 위해 세 명의 캠핑 마니아가 의기투합했습니다. 지질 답사 전문가인 과학 교사와 생태 환경 교육에 관심 많은 과학 교사, 몸·마음 건강을 탐구하는 한의학 연구자 세 명이 모여 같이 밥도 먹고, 차도 마시고, 캠핑도 하며 책에 담아낼 이야기를 나누었습니다. 오랜 고민의 결과를 여기 펼쳐 놓습니다.

자연과 과학이 교감하는 지점에서 캠핑은 단순한 즐거움을 넘어 새로운 발견의 기회로 다가옵니다. 여러분이 이 책을 통해 캠핑의 여정에 숨겨진 과학의 세계를 발견하고, 더 깊이 세상을 바라보는 경험을 쌓을 수 있기를 바랍니다.

자, 그럼 우리만의 특별한 캠핑을 떠나 볼까요? 자연을 사랑하는 마음은 꼭 챙겨야 하는 준비물입니다. 반짝이는 호기심도 잊지 마세요. 출발!

차례 | 머리말 · 별빛과 바람이 머무는 곳, 캠핑장 속 과학 이야기 4

CAMP

영차!
캠핑이라니
신난다!

1

제로 웨이스트

지속 가능한 캠핑을 위한 첫걸음

캠핑장으로 떠날 준비가 되었나요? 울창한 숲이나 노을이 예쁜 바닷가에 텐트를 치고, 도시에서 볼 수 없던 별들이 쏟아지듯 펼쳐지는 곳에서 잠드는 건 분명 멋진 일이지요. 바쁜 일상에 지친 현대인들은 집을 떠나 자연에 임시 거처를 마련하고, 야외 활동을 하며 안정을 취하기 위해 캠핑을 떠납니다. 여러분도 캠핑을 준비하고 있다면, 본격적으로 캠핑을 가기 전 꼭 알아 두어야 할 것이 있어요. 바로 자연을 해치지 않는, 지속 가능한 캠핑을 하는 방법입니다. 나와 지구를 위한 캠핑, 어떻게 시작하면 좋을지 함께 알아볼까요?

캠핑의 역사는 인류 역사와 함께 시작되었다고 할 수 있습니다. 농경 사회로 접어들어 한곳에서 정착 생활을 하기 전, 우리의 선조들은 수렵·채집 생활을 하면서 떠돌아다녔으니까요. 밤이면 추위나 맹수를 피하기 위해 동굴과 같은 자연의 은신처를 이용하거나 동물 가죽으로 만든 텐트를 치고 생활했습니다. 또 불을 피워 음식을 조리하고 부족원들끼리 나누어 먹었을 거예요. 지금도 몽골의 유목민들은 그 선조들처럼 초원에서 게르라는 이동식 텐트를 짓고 생활합니다. 이처럼 캠핑은 인류가 시작된 이래 쭉 인류의 생존 수단이자 삶이었다고 할 수 있어요.

본격적인 농경 사회로 접어들며 인류가 이동식 생활이 아닌 정착 생활을 시작하게 된 이후에도 캠핑은 이어집니다. 주로 전쟁 때문이었지요. 전쟁을 하기 위해서는 이웃 부족이나 국가를 언제든지 기습할 수 있도록 자주 주거지를 바꿔야 하고 야외에서 오래 머물러야 합니다. 그러므로 임시 거처인 텐트나 비상식량, 연료 등 장비를 챙기거나 불 피우는 법, 텐트 치고 걷는 법 등 캠핑의 기술을 익히는 것이 전쟁에 나가는 병사들에게는 생존과 관련된 중요한 일이었습니다.

동서를 오가며 교역을 한 실크로드의 상인들이나 사냥꾼, 약

초꾼 등 경제활동을 위해 캠핑을 해야 하는 사람들도 많았습니다. 이렇게 군사적·경제적 목적으로 이루어지던 캠핑을 사람들이 레저 활동으로 인식하기 시작한 것은 19세기 후반, 미국에서였습니다.

캠핑의 교육적 가치에 주목한 학교가 캠핑을 통해 아이들에게 공동체 생활을 가르쳤고, 1885년 두들이라는 사람에 의해 YMCA 캠핑이 널리 알려지기 시작했습니다. 이로 인해 미국과 유럽 전역에서 캠핑이 대중화되며 교육적 목적의 캠핑과 여가 활동으로서의 캠핑이 함께 발달합니다.

자, 이제 캠핑의 역사도 살펴보았으니 본격적으로 우리만의 캠핑을 준비해 볼까요? 우리는 앞으로 캠핑 준비부터 추억 쌓기까지 캠핑 여정에 담긴 과학 원리를 함께 살펴볼 예정입니다. 편안한 휴식을 위해 어떤 장비를 챙길지, 자연과 함께해 맛 좋은 식사는 어떻게 마련할지, 야외 활동 중 안전을 확보할 방법은 무엇인지 등 캠핑을 둘러싼 흥미진진한 이야기를 나눠 봅시다.

그런데 그전에 생각해 볼 중요한 지점이 있어요. 바로 캠퍼로서 자연을 마주하는 태도입니다. 어떤 태도로 캠핑을 시작하면 좋을지 그것부터 알아볼까요?

캠핑은 우리가 동경하던 자연의 품 안으로 한걸음 한걸음 들어가는 일입니다. 자연을 누리고 이해하고 즐기는 법을 배우는 과정이기도 하지요. 그러기 위해서는 먼저 나의 흔적으로 인해 자연이 훼손되는 일이 일어나지 않도록 유의해야 합니다. 자연과 환경에 해가 되지 않도록, 지속 가능한 방식으로 캠핑을 하는 것이 중요하다는 말이에요. 환경에 주는 피해를 줄이기 위해 고려해야 할 것으로는 탄소 배출 문제와 생태계 보전 문제가 있습니다.

우리는 지금 기후 위기 시대를 살고 있습니다. 과학기술이 발달하면서 인류는 석탄, 석유, 천연가스로 대표되는 화석연료를 에너지로 쓰기 시작했어요. 18~19세기 산업혁명을 거치며 석탄은 인류의 주된 에너지원이 되었고 이후 20세기 후반부터는 석유를 기반으로 하는 산업이 발달하면서 석유와 천연가스의 사용량이 급격하게 증가합니다.

현재 우리의 삶을 살펴보면 사실 화석연료를 쓰지 않고는 일상적인 생활을 영위하기가 어렵습니다. 천연가스를 이용해 난방과 조리를 하고, 석유 덕분에 다른 지역으로 이동하고, 또한 석유로 만든 플라스틱 제품과 합성섬유 의류를 사용하면서 생활하

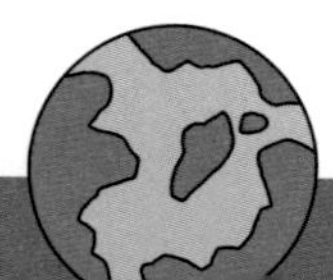

고 있으니까요. 전자 제품과 조명을 책임지는 전기에너지의 생산도 가장 많은 부분을 석탄을 이용한 화력발전에 의존하고 있고요.

이렇게 과학의 발달과 함께 인류의 삶에 들어온 화석연료는 인류에게 찬란한 문명과 편리한 생활을 선사했지만 그 화려함은 오래가지 않았습니다. 화석연료의 주요 성분 원소인 탄소는 산소와 결합하면서 이산화탄소를 배출하는데, 오늘날 대기 중 이산화탄소 농도가 급속도로 증가하면서 온실효과가 점점 커지고 있기 때문입니다.

이산화탄소는 지구의 대기를 따뜻하게 유지해 주는 온실가스 중 하나입니다. 문제는 이산화탄소의 농도가 급격히 늘어나면서 지구의 기온이 빠르게 상승하고, 이것이 대기와 생태계의 균형을 무너뜨리면서 다양한 기상이변과 생물의 멸종을 가져오고 있다는 것입니다. 지구온난화로 인해 태풍의 위력이 갈수록 세지고 산불, 한파, 홍수, 가뭄 등이 늘어나면서 기상이변 현상이 속출하고 피해가 커지고 있습니다. 이러한 총체적 위기 상황을 기후 위기라고 부릅니다. 기후 위기는 전 지구적 이슈로 여러 미디어에 자주 등장하는 개념이라 여러분도 익숙할 거예요.

화석연료가 인류의 삶에 본격적으로 쓰이게 된 지 채 200년도 되지 않은 현재, 지구의 평균기온이 1℃ 이상 오르면서 인류는 커다란 위협에 직면하고 있습니다. 기후 위기에 관한 가장 공신력 있는 기관인 '기후변화에 관한 정부 간 협의체(IPCC, Intergovernmental Panel on Climate Change)'의 보고서에 따르면, 산업혁명 시점을 기준으로 지구의 평균온도가 1.5℃ 이상 올라가면 인류는 돌이킬 수 없는 위험에 빠지게 된다고 합니다.

흔히들 기후 위기를 이야기하건서 지구나 북극곰을 지키자는 이야기를 많이 합니다. 하지만 기후 위기가 심해져서 더 이상 되돌릴 수 없는 티핑 포인트에 도달하면 가장 위험에 처하는 것은 바로 인류입니다. 이전의 대멸종으로 공룡이 모두 사라진 것처럼, 기후 위기로 인해 여섯 번째 대멸종이 일어난다면 인류가 사라질 수 있다고 전문가들은 경고하고 있어요. 지금까지의 멸종 시나리오가 보여주듯이, 멸종의 대상은 생태계의 최고 포식자이자 이런 사태를 초래한 책임이 있는 인류라는 것이지요. 우리 다음 세대를 위해서는 당장 화석연료의 사용과 탄소 발생량을 줄이기 위해 노력해야 합니다.

실제로, 심각성을 인지한 세계 각국의 정부와 시민들이 기후 위기에 대한 대응으로 '탄소 중립'을 이야기하기 시작했습니다. 탄소 중립이란 이산화탄소 배출량을 '0'으로 만들겠다는 목표를 말합니다. 이산화탄소의 배출을 완전히 없애기는 힘드니 배출된 이산화탄소를 흡수하는 대책도 함께 마련해 실질적으로 이산화

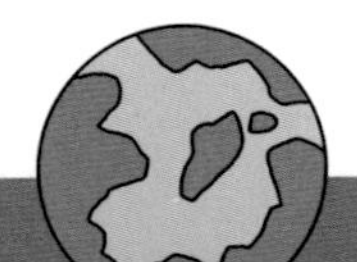

탄소 배출량을 '0'이 되도록 하자는 것이지요. 한국을 비롯한 대부분의 나라가 2050년까지 탄소 중립을 실천하겠다는 선언에 동참했습니다.

탄소 중립은 개인적 실천만으로는 이루기 어렵고, 사회가 힘을 합쳐 시스템을 바꾸어 나가야 하는 거대한 일입니다. 그러려면 일단 시민들의 합의가 중요합니다. 재생에너지를 기반으로 하는 새로운 사회시스템을 만드는 일은 현재의 과학기술로도 가능하다고 해요. 다만 인류의 의지가 문제이지요. 바꿔 말하면, 기후 위기라는 난관은 새로운 세상을 열 변화의 기회일 수 있다는 것입니다. 인류의 멸망을 막고 지속 가능한 새로운 미래를 만들 책임은 바로 우리들에게 있어요. 이러한 마음가짐으로 캠핑을 바라보면, 탄소 중립을 기본 철학으로 삼아 캠핑을 시작해 볼 수 있겠습니다.

생태계 파괴는 금물!

다음으로 생각해 볼 것은 우리가 찾는 캠핑지가 사실 많은 동식물의 터전이자 집이라는 것입니다. 생물과 그를 둘러싼 환경은 서로 영향을 주고받으며 하나의 커다란 체계를 이루고 있는데,

이를 생태계라고 합니다. 생태계는 비생물적 환경 요인, 생물적 요인과 이 요인들 사이의 상호작용을 모두 포함하는 용어입니다. 비생물적 환경 요인은 물, 토양, 공기, 온도, 햇빛 등 생물이 살아가는 환경을, 생물적 요인은 생태계에 존재하는 모든 생물을 말합니다.

생물은 흔히 무리 생활을 하는데, 비생물적 환경 요인은 이러한 생물의 분포, 생활 방식, 번식 방법에 영향을 줍니다. 즉 환경이 변하면 생물은 몸의 기능, 구조, 습성을 바꾸면서 환경에 적응해 살아가지요. 식물이 광합성을 해서 숲속의 산소 농도를 높이거나 미생물이 낙엽이나 생물의 사체를 분해해 토양의 영양분을 공급하는 등 생물이 환경에 영향을 미치기도 합니다.

이처럼 환경과 생물은 상호작용을 하면서 밀접히 연관되어 있으므로 건강한 생태계를 유지하려면 환경과 생물을 모두 보전해야 합니다. 요즘 기후 위기와 인간들의 무분별한 개발로 인해 생태계가 파괴되는 일이 많이 일어나고 있어요. 생물이 살 수 있는 서식지가 감소하면 생물 다양성이 줄어 생태계 평형을 깨뜨리는 요인이 됩니다.

자연을 사랑하고 또 즐기기 위해 시간을 내어 먼 자연을 찾는 캠퍼들 중에 생태계 파괴를 원하는 사람은 없을 것입니다. 그러나 대자연 속에 캠핑장을 짓는 일도, 많은 사람이 캠핑을 하러

지구는 하나!

가는 일도 혹여나 이러한 인간의 활동이 생태계에 영향을 주지 않는지 주의해야 하지요. 최대한 생태계에 피해를 주지 않으면서 자연 속에서 생활할 방법을 고민하는 것이 중요합니다.

지속 가능한 캠핑을 위한 아이디어

그렇다면 탄소 중립과 생태계 보전을 추구하는 지속 가능한 캠핑은 어떻게 실천할 수 있을까요? 여기에 대한 단 하나의 확실한 답은 없습니다. 우리의 지혜를 모아 실천 방안을 찾아봐야 하지요. 몇 가지 방법을 함께 살펴볼까요?

1. 탄소 제로 영지 이용하기

'탄소 제로 영지'라는 말을 들어 보았나요? 탄소 제로 영지란 태양광, 풍력 등 재생에너지 발전 시설과 자가발전 자전거 시설로 전기를 자체 생산해 사용하는 야영장을 말합니다. 현재 우리나라 국립공원에서는 월악산 닷돈재, 설악산 설악, 소백산 삼가 야영장을 이런 방식으로 운영 중이며, 점차 늘어날 것이라고 해요. 자전거 발전기를 직접 돌려서 전기를 생산하는 체험을 하면 탄소 중립이 무엇인지 더 실감이 나겠지요.

탄소 중립형 야영장인 북한산 사기막 야영장은 신재생 에너지를 직접 생산하는 야영장은 아니지만 전기차, 수소차만 입장을 허용하는 정책을 펴고 있습니다. 그 외의 차량은 조금 멀리 떨어진 주차장에 차를 주차하고 전기 셔틀버스를 타야 들어갈 수 있어요. 이렇게 탄소 중립을 내세우는 야영장에서 캠핑을 하면 지속 가능한 캠핑을 적극적으로 실천할 수 있습니다.

2. 제로 웨이스트 캠핑

'제로 웨이스트'라는 말도 요즘 많이 쓰이고 있지요. 재활용과 새활용을 생활화하고 소비를 지양해 쓰레기 발생량을 줄이자는 의미를 가진 용어입니다. 캠핑을 할 때도 제로 웨이스트를 적용해 탄소 배출을 줄이고 환경을 보호할 수 있습니다. 일회용품 대신 다회용기 사용하기, 포장 최소화하기, 음식 재료는 먹을 만큼만 준비해 미리 손질해 가기, 필요한 것만 가져가고 짐 줄이기 등이 우리가 실천할 수 있는 방법입니다.

3. 자연에 흔적 남기지 않기

자연 속으로 들어가 자연을 체험하는 것은 아주 좋은 경험이지만 그로 인해 그곳에 사는 생물이나 환경에 피해가 가면 안 되겠지요. 산에 있는 식물 중에는 먹거나 약으로 쓸 수 있는 것들이 많지만 캠핑 중에 약초를 캐는 것은 금지되어 있습니다. 동물을 관찰할 때도 너무 가까이 가거나 인간의 음식을 먹이로 주거나 빛을 비추는 행위는 하지 말아야 합니다. 인간이 먹는 음식이 동물에게 해로울 수도 있고, 동물의 야생성을 보존하려면 인간과의 접촉을 최소화하는 게 좋으니까요. 쓰레기는 가급적 만들지 말고, 되도록 집으로 가져오거나 지정된 장소에만 버려 주세요.

4. 창의성을 발휘해 아이디어 공유하기

지금까지 살펴본 방법 말고도 실천할 수 있는 방법은 무궁무진합니다. 주로 가는 캠핑장이나 캠핑에서 추구하는 것이 사람마다 달라서 모든 사람에게 같은 방법을 강요하거나 적용할 수는 없을 거예요. 따라서 지속 가능한 캠핑을 위한, 나에게 가장 맞는 방법을 스스로 찾는 것이 좋습니다. 거기에는 자연을 사랑하는 마음, 환경에 대한 과학적 이해 외에도 창의성이 한 움큼 필요합니다. 탄소 배출량이 적은 채식 요리를 해 먹을 수도 있고, 캠핑 장비를 사는 대신 대여하거나 재활용 캠핑용품을 사용하는 방법도 있습니다.

또한 '플로깅'을 하며 캠핑지나 숲, 바다의 쓰레기를 치우는 활동을 계획할 수도 있지요. 해변에서는 바다에 버려진 유리 조

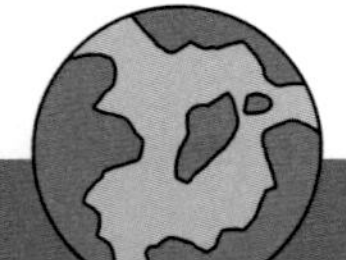

각이 오랜 시간 파도에 의해 깎여 다시 해변으로 밀려 온 '바다 유리'를 볼 수 있습니다. 이 바다 유리를 주워서 멋진 목걸이를 만들 수도 있어요. 독성 화학물질이 들어간 제품을 사용하지 않고, 캠핑장에 갈 때도 되도록 탄소 배출을 하지 않도록 대중교통이나 자전거를 이용할 수도 있습니다. 찾아보면 방법은 많습니다. 나만의 멋진 방법을 찾았다면 그 사례를 사람들과 공유해 보세요.

지속 가능한 캠핑을 실천한다는 것은 조금의 불편함과 수고스러움이 추가되는 일일 수 있어요. 하지만 캠핑이란 본래 도시의 안락함을 뒤로하고 자연에 빠져 보는 일이잖아요? 나에게도, 자연에게도 이로운 캠핑을 실천하고 함께 나눈다면 캠핑의 기쁨은 배가 될 거예요.

일기예보

떠나기 전엔
날씨 확인부터!

잠깐, 일기예보는 확인했나요? 캠핑 가는 날 하늘이 맑은지, 비가 오는지, 기온은 몇 도인지 예보를 확인해야 마음 편히 캠핑을 즐길 수 있어요. 날씨가 맑으면 텐트를 설치하기도 쉽고 요리하기도 편하지만, 궂은 날씨라면 활동에 제약이 생기기 때문입니다. 사계절이 있는 한국은 계절마다 다양한 캠핑의 매력을 즐길 수 있습니다. 따뜻한 봄, 뜨거운 여름, 선선한 가을, 추운 겨울의 날씨를 그때그때 경험할 수 있지요. 여러분은 어떤 계절을 좋아하나요? 계절마다 날씨가 달라지는 이유를 알아보고, 언제 캠핑을 떠날지 계획을 세워 봅시다.

여러분은 계절이 바뀐 것을 언제 눈치채나요? 난방과 냉방 시설이 잘 갖춰진 집과 학교에서는 계절의 변화를 느끼기 힘들 수 있어요. 하지만 자연 속으로 캠핑을 가면 계절마다 달라지는 날씨의 특징을 경험할 수 있답니다.

한 지역의 기후를 결정하는 데 가장 큰 영향을 미치는 요인을 한 가지만 뽑으라면 바로 기단입니다. 기단은 비슷한 성질을 가진 공기덩어리를 말해요. 온도와 습도가 일정한 거대한 공기덩어리가 어떤 지역에 머물게 되면 그 영향을 받아 날씨가 달라지겠지요? 한국보다 고위도에서 만들어진 기단은 한랭하고, 저위도에서 만들어진 기단은 온도가 높습니다. 또 대륙에서 만들어지면 건조하고, 바다에서 만들어지면 습도가 높지요. 그런데 기단은 항상 똑같은 지역에 위치하는 게 아니라 이동하기도 합니다. 계절마다 날씨가 달라지는 것도 다른 지역에서 이동해 온 기단의 영향을 받기 때문입니다.

우리나라의 날씨에는 크게 5개의 기단이 영향을 줍니다. 먼저 겨울철에는 춥고 건조한 시베리아기단의 영향을 받습니다. 이름대로 시베리아에서 시작되는 이 기단은 넓은 대륙과 북극해의 영향을 받아 세계의 여러 한대기단 중에서도 가장 강력한 추위

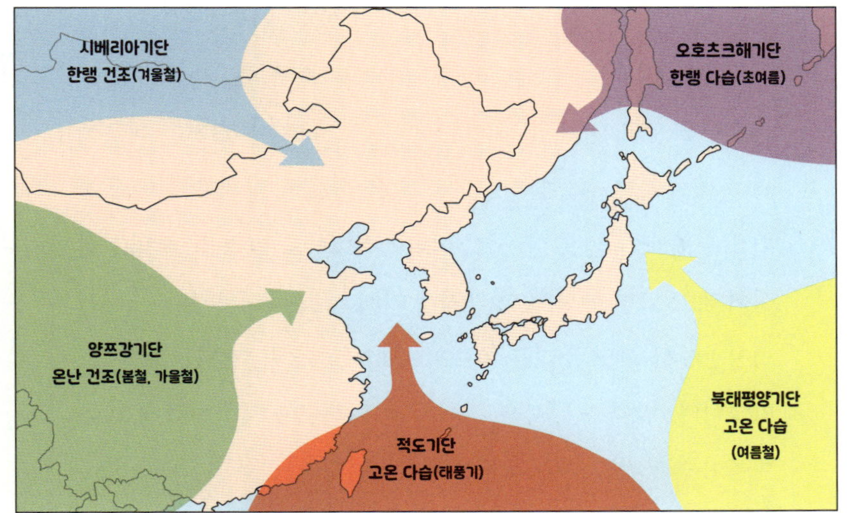

한국은 중위도 지역에 위치하는 지리적 특성상 계절별로 다양한 기단의 영향을 받는다.
양쯔강기단, 시베리아기단, 오호츠크해기단, 적도기단, 북태평양기단이 대표적이다.

를 자랑하지요. 우리나라로 이동해 오면서 강한 북서풍을 몰고
옵니다.

추운 겨울이 지나고 봄이 되어 날씨가 따뜻해지는 것은 양쯔
강기단 때문입니다. 온난 건조한 양쯔강기단의 영향을 받아 이
동성 고기압이 통과하면서 온난하고 건조한 날씨가 나타납니
다. 맑고 건조한 이 계절이 캠핑하기 딱 좋은 시기이지요. 하지
만 가끔은 황사가 밀려와 야외 활동이 어려워지기도 해요.

여름이 시작되는 시기에는 남쪽에서 이동해 온 북태평양 기

단과 북쪽의 차가운 오호츠크해기단이 만나 장마전선을 형성합니다. 장마철에는 두 기단이 힘겨루기를 해서 6월 말부터 길게는 한 달 동안 비가 내립니다. 장마가 끝나고 본격적인 여름이 되면 북태평양기단의 영향으로 고온 다습한 날씨가 시작돼요. 기온과 습도가 높은 날이 이어지고 열대야로 밤잠을 설치기 십상이지요. 그럴 땐 시원한 계곡에 가서 더위를 피하거나, 드넓은 백사장에서 파도 소리를 들으며 무더위를 잊는 캠핑을 할 수도 있습니다. 밤에는 남북으로 이어진 은하수와 보석처럼 빛나는 별들이 쏟아지는 우주 극장이 펼쳐집니다.

가끔 여름부터 가을까지 저위도 지역의 적도기단에서 만들어지는 태풍이 우리나라에 영향을 주기도 해요. 장마가 끝나고 돌풍을 동반한 강한 비가 내린다면 적도기단이 가까이 왔기 때문입니다. 강한 바람과 폭우가 동반되는 태풍이 예보되는 날에 캠핑을 가는 것은 위험하겠지요?

우리나라 가을은 이동성 고기압의 영향을 받아 맑고 건조한 날이 나타납니다. 낮에는 햇빛이 뜨겁지만, 저녁에는 시원한 바람이 불고, 캠핑장의 나무들은 형형색색의 단풍잎으로 옷을 갈아입습니다.

어떤가요? 눈사람을 만들며 갓 구운 군고구마를 호호 불어먹는 겨울 캠핑, 꽃향기와 함께 즐기는 새뜻한 봄 캠핑, 낭만적인

빗소리와 함께하는 여름의 우중 캠핑, 형형색색 단풍과 함께하는 가을 캠핑까지……. 도무지 하나만 고르기 어렵지요? 그런데 봄과 가을처럼 캠핑을 즐기기 적당한 날은 점점 줄어들고 있습니다. 기후 위기로 인한 이상고온 때문이에요.

몇 십 년 전만 해도 한국은 사계절이 뚜렷한 나라였지만, 최근에는 봄, 가을 대신 초여름, 늦여름이라고 불러야 한다는 말이 나올 정도로 여름이 길어지고 있습니다. 국립기상과학원의 보고서에 따르면, 21세기 후반기에는 겨울이 더욱 짧아져 39일간 유지되고, 여름은 73일 증가해 170일간 유지될 것으로 전망된다고 해요. 이러한 기후 위기에 맞서 계절 캠핑의 정취와 아름다움을 오래오래 즐길 수 있도록 함께 고민해 보아요!

아침 무지개는 비, 저녁 무지개는 맑을 징조

자, 우리나라의 기후적 특징이 어떻게 만들어지는지 알았다면 이제 날씨를 읽어 볼 차례입니다. 사실 캠핑을 갈 때 계절보다도 더 중요한 건 그날그날의 날씨예요. 언제 비가 올지 모르는 장마철은 물론, 몇 도 차이로 겉옷을 챙길지 말지가 달라지니 캠핑을 떠나기 전에는 일기예보를 확인하는 게 좋겠지요. 봄과 가을이 캠핑하기 좋은 계절이라고 하지만 매번 날씨가 맑은 것은 아니니까요. 비가 올지, 날이 맑을지, 건조할지 습할지 등 기상청에서는 무엇을 보고 내일의 날씨를 예상할까요?

공기 입자의 누르는 힘, 즉 기압은 날씨에 큰 영향을 미칩니다. 기압이 주변보다 높은 곳을 고기압, 낮은 곳을 저기압이라고 해요. 다 똑같은 공기처럼 보이는데 왜 이런 차이가 발생할까요? 공기가 햇빛에 가열되면 가벼워져 위로 상승합니다. 그렇게 공기가 빠져나가면 그 자리만큼 공기의 밀도가 낮아지니 주변보다 기압이 낮아져 저기압이 되지요. 그런데 이러한 기압의 차이가 지속되는 것은 아닙니다. 공기는 고기압에서 저기압으로 이동합니다. 물이 높은 곳에서 낮은 곳으로 흐르는 것처럼요. 이러한 공기의 흐름이 바람입니다.

주변의 공기가 저기압 중심부로 모여들면 지표에 있던 공기가 위로 상승합니다. 이때 수증기를 가지고 있는 공기가 높이 올라가면서 주변의 기온이 낮아지기 때문에 수증기가 응결해 구름이 만들어집니다. 그러면 날씨가 흐려지거나 비가 내리지요. 반대로 고기압은 주변보다 기압이 높기 때문에 중심부의 공기가 밖으로 빠져나갑니다. 이렇게 중심부에서 하강기류가 발생해 상층의 공기가 아래로 내려오면서 구름이 사라지고 맑은 날씨가 나타납니다.

우리나라에 고기압이 분포하면 날씨가 맑고 저기압이 놓여 있으면 날씨가 흐린 이유가 바로 이 때문입니다. 일기도에 H로 표시된 것이 고기압, L은 저기압을 의미해요. 이제 고기압과 저기압에 따른 날씨의 특성을 알았으니, 캠핑 가기 전 대략적인 날씨를 예상할 수 있겠지요?

최근에는 번거롭게 일기예보를 따로 챙겨 보지 않아도 스마트폰 애플리케이션으로 언제든지 날씨를 알 수 있어요. 시간대별 날씨, 비 올 확률, 강수량, 풍향 등 다양한 날씨 정보를 살펴볼 수 있습니다. 하지만 조금 더 정확한 날씨 상황이나 일기도를 보고 싶으면 기상청의 '날씨누리'에서 캠핑을 가려는 지역의 날씨 정보를 찾아보는 것이 좋아요.

그런데 일기예보가 없던 시절에는 날씨를 어떻게 예측했을까요? '아침 무지개는 비, 저녁 무지개는 맑을 징조'라는 속담에 힌트가 있습니다. 무지개는 공기 중의 빗방울에 태양 빛이 굴절되어 나타나기 때문에 태양의 반대편에 생겨요. 즉 아침에는 태양이 동쪽에 있기 때문에 아침에 뜬 무지개는 서쪽 하늘에 비가 오고 있음을 의미합니다. 반대로 저녁 무지개는 동쪽 하늘에 비가 오고 있는 상황일 테고요.

북반구 중위도에 위치한 우리나라는 바람이 서쪽에서 동쪽으로 부는 편서풍대에 있습니다. 대체로 구름이 서쪽에서 동쪽으

아침 무지개!
우산을 챙겨야겠어.

예상대로군!

로 이동하지요. 그러니 아침 무지개가 보인다면 서쪽의 비구름이 곧 우리 쪽으로 이동해 온다는 뜻입니다. 따라서 아침 무지개를 보면 비가 올 것으로 예상할 수 있습니다. 반대로 저녁 무지개는 동쪽에 비구름이 있고, 서쪽 하늘은 맑다는 뜻이므로 밤 사이 맑아질 징조임을 알 수 있습니다. 이제 속담이 달리 들리지 않나요? 모르고 들으면 미신이라고 생각할 수도 있지만, 알고 들으면 기상 원리에 기반한 정확한 예측인 것이지요. 여러분도 캠핑장에서 구름이 어디로 이동하는지 한번 확인해 보세요. 그리고 속담을 따라 날씨를 예측해 보기 바랍니다.

산꼭대기 캠핑장은 시원할까? 뜨거울까?

하이킹과 함께 즐기는 산속 캠핑은 도심과 떨어져 자연의 아름다움을 온전히 느낄 수 있는 이색 캠핑입니다. 산속에서 캠핑을 즐기기 적당한 계절은 언제일까요? 이 질문에 답하려면 먼저 고도에 따른 기온의 변화를 알아야 해요. 높은 산에 올라가면 태양과 더 가까워지니 기온이 올라갈까요? 그런데 에베레스트산을 생각해 보면 산꼭대기에 눈이 있으니 기온이 더 낮을 것도 같습니다. 산속 캠핑에 딱 맞는 계절, 과학적으로 알아봅시다.

결론부터 이야기하자면 지표면에서 산 위로 올라갈수록 기온은 내려갑니다. 지표 부근의 기온은 태양에서 방출하는 복사에너지가 아니라 지구가 방출하는 복사에너지의 양에 따라 달라져요. 지구 복사에너지를 가장 많이 받는 지표면은 그래서 기온이 높고, 지표면에서 위로 올라갈수록 전달되는 복사열이 줄어들기 때문에 기온이 낮아집니다. 그럼 대기권의 위쪽으로 올라갈수록 기온이 계속 낮아질까요?

대기권이란 지구를 둘러싸고 있는 공기층으로, 지표부터 1,000km 정도까지를 말합니다. 기온의 변화에 따라 4개의 층으로 나눌 수 있지요. 우리가 살고 있는 대기권은 대류권입니다. 지표부터 평균 11km 정도 높이를 말해요. 대류권은 100m 올라갈 때마다 기온이 약 0.5℃ 내려갑니다. 여름에 서울보다 강원도 대관령이 더 시원한 이유이지요.

대류권의 '대류'는 공기 중의 대류 현상을 가리키는 말이에요. 앞서 설명한 바와 같이, 온도와 기압 차이로 인한 공기의 이동을 대류 현상이라고 부릅니다. 대류권에서는 그 이름대로 대류 현상이 나타나고, 수증기가 있기 때문에 기상 현상도 관찰됩니다. 대류 현상으로 인해 상승한 수증기로 만들어진 구름에서는 물방울이나 얼음이 점점 커지면서 비와 눈, 우박의 형태로 지표로 내려오지요.

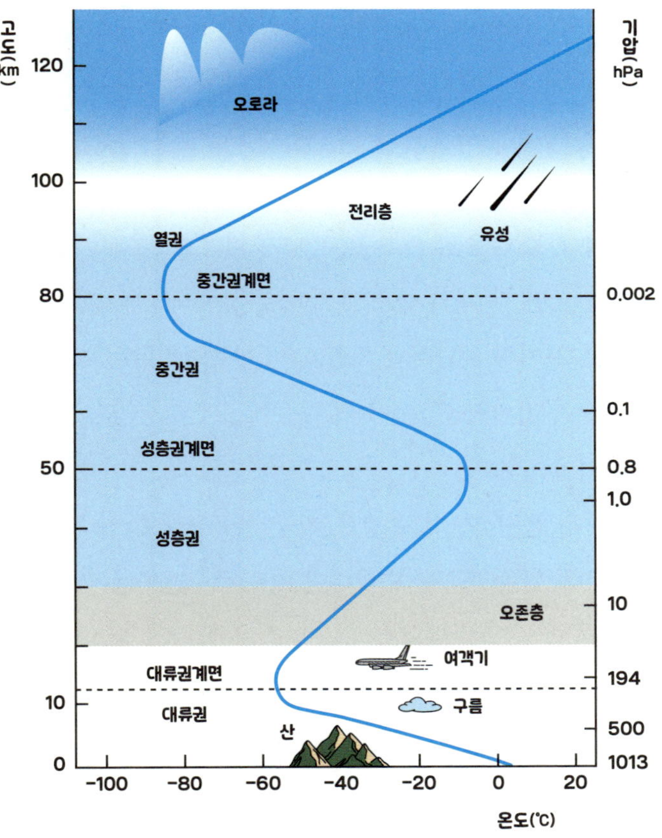

〈기온 차이에 따른 대기권의 분류〉

대기권은 기온의 변화에 따라 대류권, 성층권, 중간권, 열권으로 구분된다.

대류권 위의 50km 정도까지, 기온이 올라가는 곳을 성층권이라고 합니다. 성층권은 아래에 찬 공기가 있고, 위로 갈수록 따뜻한 공기가 있어 안정한 층입니다. 성층권에서 기온이 올라가는 이유는 대기권의 20~30km 정도 높이에 오존층이 분포하기 때문입니다. 대기 중의 산소 분자(O_2)가 태양으로부터 방출된 자외선을 받으면 두 개의 산소 원자(O)로 분해되는데, 이 산소 원자가 산소 분자와 결합하면 오존(O_3)이 만들어집니다. 오존은 태양에서 오는 자외선을 흡수하기 때문에 그 영향을 받아 성층권의 기온이 상승해요.

자외선을 흡수하는 오존층은 지구 생물들에게 아주 고마운 존재입니다. 만약 오존층이 없다면 지표에는 생물들이 살 수 없을 정도로 많은 양의 자외선이 내려올 거예요. 실제로 오존층이 만들어지기 이전까지는 생물들이 바다에서만 살고 있었다고 해요. 오존층 덕분에 지표로 들어오는 자외선이 줄어들어 육지에도 생물이 살게 되었지요.

성층권 위의 약 80km까지 다시 기온이 하강하는 층을 중간권이라고 하고, 중간권 위에는 열권이 있습니다. 중간권과 열권의 경계인 중간권계면은 기온이 가장 낮습니다. 중간권에서 기온이 낮아지는 이유는 성층권에서 전달되는 열이 점점 적어지기 때문입니다. 중간권은 대류권과 마찬가지로 대류 현상이 나타납니

다. 하지만 수증기가 없기 때문에 기상 현상은 일어나지 않아요.

대기권의 가장 윗부분에 있는 열권은 공기가 매우 희박합니다. 공기의 밀도가 매우 낮아 조금만 열이 있어도 기온이 크게 올라갈 수 있어 낮과 밤의 기온차가 매우 크다는 특징이 있어요. 인공위성의 궤도로 주로 이용되고, 오로라나 별똥별이 타는 현상도 대부분 열권에서 일어납니다.

자, 이제 처음 질문으로 되돌아가 볼까요? 우리가 가는 캠핑장의 고도는 아무리 높아도 1km 이내에 있기 때문에 대류권에 속합니다. 따라서 고도가 높은 캠핑장은 항상 평지보다 기온이 낮답니다. 한여름 열대야로 밤잠을 설칠 때 강원도처럼 고도가 높은 지역에 있는 캠핑장은 더위를 피하기 안성맞춤인 장소이지요.

내 피부는 소중하니까

낮에 캠핑장에서 텐트를 치거나 야외 활동을 한다면 태양 빛을 계속 받게 됩니다. 하얗고 뽀얀 피부가 어느새 태양 빛에 그을려 구릿빛 피부로 바뀌지요. 그런데 너무 오랫동안 태양 빛을 받으면 화상을 입어 피부가 벗겨질 수도 있습니다. 피부의 그을림에 영향을 미치는 것도, 나아가 날이 맑은 정도를 결정하는 것도 바로 태양 빛이랍니다.

태양은 스스로 빛을 내는 별이자 지구에서 가장 가까운 별입니다. 별은 어떻게 빛을 낼까요? 별 내부에서는 수소 핵융합 반응이 일어납니다. 별의 중심 온도가 1,000만℃ 이상이 되면 수소 4개가 헬륨 1개로 바뀌어요. 이때 약간의 남는 질량이 발생하고 이 남는 질량이 에너지로 전환되어 빛을 내게 됩니다. 아인슈타인이 발표했던 그 유명한 $E=mc^2$ 공식에 따르면 말이지요. 여기서 E는 에너지, m은 질량, c는 빛의 속도입니다. 즉 이 공식은 에너지가 질량과 광속의 제곱에 비례한다는 것을 보여 줍니다. 공식에 따르면, 지구 질량의 33만 배가량 되는 태양 정도의 질량을 가진 별은 약 100억 년 동안 빛을 낼 수 있어요. 지금 태양의 나이가 약 50억 년이니, 앞으로 50억 년은 더 빛날 테지요.

태양에서 오는 빛을 태양 복사에너지라고 합니다. 지구에 도달하는 태양 빛은 전자기파 형태의 복사에너지예요. 복사는 전도나 대류와 달리 다른 물질의 도움 없이 에너지가 직접 전달되는 것이기 때문에 진공과 같은 우주 공간에서도 태양 빛이 전달될 수 있지요. 이때 빛은 파장에 따라 이름이 다양합니다. 파장이 짧은 것부터 감마선, X선, 자외선, 가시광선, 적외선, 전파로 나열할 수 있어요. 태양에서 나오는 빛은 우리 눈으로 볼 수 있는

가시광선이 가장 많습니다. 가시광선은 파장의 길이가 0.4~0.7 μm(마이크로미터) 범위입니다. 단위가 낯설지요? 쉽게 말해 1mm를 $\frac{1}{1000}$로 나누면 1μm가 된답니다.

가시광선의 빛은 색깔에 따라 파장의 길이가 달라져요. 가시광선에서 보라색은 파장이 짧고, 빨간색은 파장이 깁니다. 보라색보다 파장이 짧아 보라색 바깥쪽에 있는 빛이 자외선입니다. 마찬가지로 빨간색보다 파장이 긴 빛이 적외선입니다. 파장이 짧을수록 에너지가 크기 때문에 우리 피부에 영향을 주는 태양빛은 바로 자외선입니다.

자외선은 파장의 길이에 따라 자외선A(UVA), 자외선B(UVB), 자외선C(UVC)로 나눌 수 있어요. 자외선C는 오존층에서 대부분 흡수되지만, 자외선A와 자외선B는 지표면에 도달합니다. 자외선A는 파장이 0.32~0.4μm로 피부를 검게 태우고 피부 노화를 촉진하는 자외선입니다. 자외선B는 파장이 0.28~0.32μm로 UVA보다 에너지가 크기 때문에 피부 화상을 일으킬 수 있고, 장시간 노출되면 피부암이 발생할 수도 있습니다.

햇빛이 쨍쨍한 맑은 날뿐만 아니라 흐린 날에도 꼭 자외선 지수를 확인해야 한답니다. 흔히 흐리거나 비가 오는 날에는 태양이 보이지 않아 자외선이 없을 거라고 생각합니다. 하지만 자외선은 생각보다 강력해서 구름도 자외선을 막지 못합니다. 가시

사진 속 자외선 차단제는 PA+++로 차단제를 바르지 않는 것보다 8배 이상 자외선A 차단 효과가 있고, SPF50으로 자외선B를 98% 막아 준다.

광선과 적외선은 구름에 흡수되지만, 자외선의 80%는 구름을 뚫고 우리가 있는 지표까지 찾아오지요. 특히 자외선A는 파장이 길고 투과성이 높아 흐리거나 비 오는 날에도 조심해야 합니다.

그러므로 태양 빛이 뜨거운 여름철 캠핑을 할 때는 피부를 보호하기 위해 자외선 차단제를 꼭 발라야 해요. 자외선 차단제에는 PA와 SPF 지수가 나와 있습니다. PA와 SPF의 차이는 무엇일까요? PA는 'Protection of UVA'의 약자로 자외선A를 차단하는 효과를 나타내는 지수입니다. PA 지수는 PA+, PA++, PA+++로 나타내며 +가 많을수록 차단 효과가 큽니다. +가 1개면 차

단제를 바르지 않는 것보다 2~4배 보호된다는 의미이고, ++
는 4~8배, +++는 8배 이상 보호된다는 뜻입니다. SPF는 'Sun
Protection Factor'의 약자로 자외선B를 차단하는 효과를 나타냅
니다. SPF15는 UVB를 93%, SPF30은 UVB를 97%, SPF50은 자
외선B를 98% 차단하는 효과가 있습니다.

　캠핑에서 야외 활동을 하며 땀을 흘리게 되면 자외선 차단제
가 조금씩 지워질 수 있기 때문에 일정 시간마다 자외선 차단제
를 덧발라 주어야 합니다. PA와 SPF 지수가 높을수록 자외선 차
단 효과가 크지만, 성분에 따라 피부 부작용이 나타날 수도 있으
므로 자신의 피부에 맞는 제품을 사용해야 해요. 흐린 날도 자외
선 차단제를 발라 줘야 한다는 점, 꼭 기억해 주세요. 내 피부는
소중하니까요!

3

텐트

튼튼한 텐트를 짓고 싶다면

'캠핑!' 하면 머릿속에 가장 먼저 떠오르는 것이 있나요? 아마 텐트겠지요. 텐트는 험한 야외에서 비, 바람, 눈과 추위를 피하기 위해 탄생했습니다. 나무로 뼈대를 세우고, 그 위로 나뭇잎이나 동물의 털 또는 가죽으로 덮개를 씌워 천막으로 만든 것이 텐트가 되었답니다. 중앙아시아 유목민과 아메리칸인디언 들은 이동이 자유로운 텐트를 선호하는 경향이 있지만, 여가 활동으로 캠핑을 즐기는 캠퍼들은 목적에 따라 저마다 다양한 조건을 고려해 텐트를 고른답니다. 선택부터 설치까지 꼭 알아야 할 텐트의 과학을 차근차근 알아보아요!

텐트를 고르기 전에 먼저 어떤 캠핑을 떠날지 정해야 해요. 다 같은 캠핑 같지만 그 방식에 따라 백패킹과 오토캠핑으로 구분된답니다. 백패킹은 캠핑 장비를 짊어지고 1박 이상의 하이킹 혹은 등산을 하는 활동입니다. 이런 형태의 여행을 하는 사람을 백패커라 부르지요. 필요한 짐을 배낭에 짊어지고 자유롭게 산길을 방랑하며 자연을 즐기는 캠핑을 말해요.

아마 캠핑이라고 하면 백패킹보다는 오토캠핑을 하는 장면이 떠오를 거예요. 오토캠핑은 자동차에 모든 캠핑 장비를 싣고 이동하여 즐기는 캠핑을 말합니다. 차 안에서 숙식을 해결하는 차박 캠핑을 할 수도 있고, 자동차 지붕 위에 텐트를 설치해 루프탑 캠핑을 하는 것도 여기에 속합니다. 무거운 짐을 직접 짊어질 필요도 없고 가족들과 함께 시간을 보내기도 좋은, 가장 일반적인 캠핑이지요.

텐트는 기능과 사용 목적에 따라 그 종류가 다양하지만, 크게는 백패킹용 텐트와 오토캠핑용 텐트 두 가지로 나눌 수 있어요. 백패킹용 텐트는 가벼운 산악용 텐트라고 할 수 있습니다. 짊어질 수 있는 배낭 하나에 텐트, 식량, 캠핑 장비가 다 들어가야 하니 무게는 가볍고 부피는 작고 휴대도 간편해야 합니다. 빠르고

텐트

쉽게 설치할 수 있어 실용적이지요. 오토캠핑용 텐트는 모든 장비를 차량에 싣기 때문에 장비 무게와 부피에 큰 제한이 없습니다. 따라서 종류도 더 다양하고 쾌적함과 편안함을 주는 것이 특징이에요.

그럼 이제 텐트의 종류를 더 자세히 알아볼까요? 텐트는 모양에 따라 돔형 텐트, 티피 텐트, 거실형 텐트 등으로 분류합니다. 공을 반으로 잘라 놓은 것처럼 천장이 둥근 돔형 텐트는 텐트의 가장 기본적인 형태입니다.

표면이 여러 개의 삼각형으로 이루어진 지오데식 돔(geodesic dome) 건축물을 본 적 있나요? 지오데식 돔은 가볍고 강할 뿐만 아니라, 이 형태를 사용하면 일반 건축물보다 훨씬 적은 재료로 큰 공간을 만들 수 있어요. 삼각형의 모서리와 면으로 하중을 지탱하는 힘을 분산시키는 튼튼한 구조이므로 안쪽에 기둥을 세우지 않아도 무너지지 않지요. 또한 구는 똑같은 부피를 둘러싼다고 가정했을 때 입체 도형 중에서 표면적이 가장 작습니다. 덕분에 열 손실을 최소화할 수 있어요.

아메리칸인디언들이 사용해 인디언 텐트라고도 불리는 티피 텐트는 나무 뼈대를 원뿔형으로 세우고 들소 가죽을 덮어서 만듭니다. 대평원에서 들소 떼를 따라 빠르게 이동해야 하므로 조립과 해체가 간편한 구조예요. 눈과 강풍에도 잘 견디지요. 우리

비비 텐트는 침낭과 텐트가 합쳐진 형태로 혼자 쓰기에 적합하다.

가 캠핑에서 사용하는 원뿔형 텐트도 티피라고 부른답니다. 보통 면 소재의 천으로 되어 있어 공기가 잘 통해요.

가족 캠핑에서 많이 사용하는 거실형 텐트는 잠을 자는 공간과 휴식을 할 수 있는 거실 공간 2개로 나뉘는 텐트를 말합니다. 큰 텐트 안에 작은 텐트가 따로 분리되어 있는 구조라 공간 확보에 유리해요.

이외에도 비비 텐트가 있어요. 여기서 비비(bivy)는 텐트 없이 바위나 동굴 등에서 하룻밤을 지새우는 것을 가리키는 비바크 (bivouac)에서 파생된 단어입니다. 비바크는 군대에서 쓰던 용어인데, 훈련 중 야영을 할 때 보초가 밤을 새워 주변을 감시하는 것

을 말했어요. 오늘날 비비 텐트는 주로 암벽 등반가나 산악인 들이 비와 눈, 야생동물을 피해 딱 잠만 자는 용도로 사용하는 초소형 텐트를 의미해요. 텐트보다는 침낭에 가깝답니다.

텐트 칠 장소도 과학적으로

캠핑 장소에 도착하면 먼저 주변을 둘러보고 지형과 동서남북 방향을 파악합니다. 텐트 칠 위치, 즉 집터를 정해야 하거든요. 과학의 눈으로 보면 캠핑의 즐거움이 배가 된답니다. 더 과학적으로, 더 똑똑하게 텐트를 치는 방법! 같이 알아볼까요?

먼저 바닥을 살펴봅시다. 세심하게 장소를 골라야 캠핑의 밤을 안전하게 보낼 수 있어요. 기본적으로 움푹 패거나 기울어지지 않은 평평한 곳을 선택하고 비가 올 때를 대비해 배수로도 확보해야 해요.

캠핑장에는 자갈이나 파쇄석이 깔린 장소가 있습니다. 파쇄석은 큰 돌을 2~2.5cm로 자른 작은 돌을 말해요. 바닥에 파쇄석이 두껍게 깔려 있을수록 비가 내릴 때 배수가 잘된다는 장점이 있습니다. 잔디밭은 날씨가 좋을 때는 문제가 없지만, 잔디가 습기를 머금기 때문에 텐트에 이슬이 잘 맺히고 배수가 원활하지 않을 수 있습니다. 흙으로 된 장소에는 화강암이 풍화되며 만들어진 굵은 모래, 마사토가 깔려 있는 곳이 많습니다. 자연 그대로 푹신푹신한 느낌이라 좋긴 하지만 비가 올 때는 텐트가 침수될 수 있으니 텐트 옆으로 물길을 꼭 내주어야 하지요.

만약 비가 온다는 예보가 있다면, 배수 걱정 없는 나무 덱에 텐트를 치는 것이 가장 좋습니다. 그런데 덱 아래로 물이 빠지니 배수 걱정은 없지만, 텐트를 고정할 덱 전용 못을 준비해야 해요.

장소를 선정할 때 고려해야 할 것은 이뿐만이 아니에요. 여름엔 그늘이 많아 시원한 곳, 겨울에는 나무가 적어 해가 많이 드는 따뜻한 장소가 좋습니다. 낙석주의 경고 지역이나 낭떠러지 절벽, 그리고 비가 올 때는 계곡물 가까이에 텐트 치는 것을 피해야 합니다. 눈이 많이 오는 계절에는 비탈지지 않은 평지를 고르는 게 중요하지요.

맞바람이 부는 언덕은 어떨까요? 이런 언덕에 텐트를 치면 강풍이 불 경우 텐트가 바람에 찢기거나 텐트 기둥이 부러질 위험이 있습니다. 바람을 막아 줄 나무나 바위 같은 주변 지형물이 없다면 강풍이 부는 방향으로 텐트의 좁은 면이 노출되도록 설치하고, 출입문을 바람이 불지 않는 방향에 두는 것이 좋답니다. 텐트 근처에서 모닥불을 피워 캠프파이어를 하거나 숯불을 피

워 고기를 구울 경우에는 연기가 텐트 안으로 들어오지 않도록 출입구를 바람을 등지는 쪽에 두어야 하고요.

도와줘요, 나침반!

텐트 하나 치는 데도 생각보다 고려할 게 많지요? 다 기억하기 어렵다면 남향, 이 한 가지는 꼭 기억해 두는 게 좋아요. 어디가 남향인지 알려 주는 것으로는 나침반이 가장 정확합니다.

그런데 나침반이 가리키는 N극은 북쪽은 맞지만 진짜 북쪽은 아니랍니다. 이게 무슨 말이냐고요? 지구는 거대한 자석이라고 할 수 있습니다. 지구 내부에 있는 외핵의 대류 현상에 의해 지구가 자기에너지, 즉 지자기를 갖기 때문이에요. 나침반의 바늘은 이 지자기의 영향을 받아 움직이지요. 액체 상태인 외핵은 끊임없이 움직이기 때문에 지자기도, 나침반이 가리키는 N극의 위치도 조금씩 변화합니다. 따라서 지구의 자전축을 중심으로 본 북쪽이 실제 북쪽이라면, 나침반이 가리키는 방향과 차이가 생기게 됩니다.

예전에는 미군에서 주로 사용했던 렌즈식 나침반이 대부분이었다면, 최근에는 실바 나침반을 더 흔히 볼 수 있어요. 나침반에

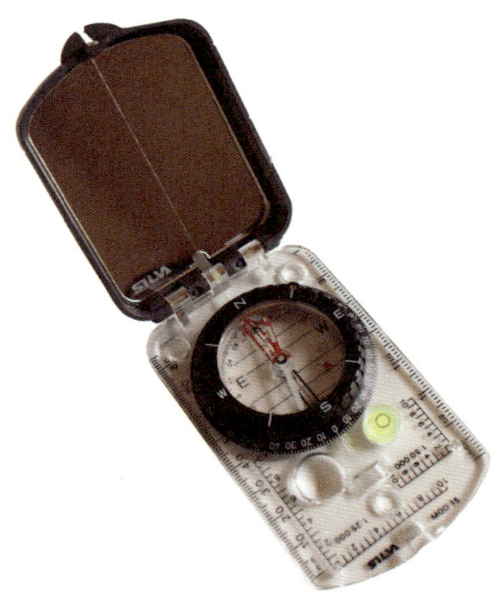

실바 나침반은 가볍고 편리해 야외 활동에 유용하다.

액체가 들어 있는 것을 본 적 있나요? 나침반은 미세한 진동에도 영향을 받기 때문에 나침반의 바늘, 즉 자침이 멈출 때까지 오래 기다려야 합니다. 그런데 액체 상태의 기름을 채우면 자침이 안정되도록 제동하는 역할을 해 주기 때문에 나침반을 들고 뛰어다녀도 문제없어요. 게다가 실바 나침반에는 눈금자, 각도계, 돋보기, 진행선 등이 표기되어 있어 사용하기에도 편리합니다.

깜빡하고 나침반을 챙겨 가지 않았다고요? 걱정하지 마세요. 나침반 없이도 태양, 별, 달, 나무, 이끼, 그림자, 풍향 등 자연현상이나 지형지물을 이용해 방향을 가늠하는 방법이 있어요. 봄

부터 가을까지 태양은 동쪽에서 뜨고 서쪽으로 지며, 겨울에는 남동쪽에서 뜨고 남서쪽으로 집니다. 또한 하루 중 태양은 오전에는 동쪽, 정오에는 남쪽, 오후에는 서쪽에 위치해요. 밤하늘에서 북극성을 찾으면 정확한 북쪽을 알 수 있지요.

나무를 이용하는 방법도 있어요. 나뭇가지가 무성하게 자라고 잔가지가 뻗쳐 있는 방향이 남쪽, 나무껍질이 두꺼운 방향은 북쪽입니다. 또한 그루터기의 나이테 간격이 넓은 쪽이 남쪽, 좁은 쪽이 북쪽이에요. 햇빛을 많이 받은 남쪽의 나무가 더 잘 자라기 때문이에요. 습기가 많은 곳에서는 바위에 낀 이끼를 보면 됩니다. 햇빛을 많이 받는 남쪽은 반반하고 반대로 햇빛을 적게 받는 북쪽에는 이끼가 많이 붙어 있습니다.

밀덩을 잘하는 사람이 텐트를 잘 친다고?

자, 그럼 이제 세상에서 가장 작은 나의 집, 텐트를 직접 쳐 볼 차례예요. 집 만들기의 재료가 되는 네 가지, 천, 줄, 폴, 펙이 준비됐나요? 천과 줄은 알겠어요. 그런데 폴과 펙은 무엇일까요? 폴(pole)은 텐트를 설치할 때 기둥 역할을 하는 지지대를 말하고, 펙(peg)은 텐트를 고정하고 지지해 주는 못처럼 생긴 말뚝이에요.

집 만들 재료를 다 준비했다면, 텐트 설치에 어떤 힘이 작용하는지 먼저 알아봅시다. 어떤 물체를 밀거나 당길 때는 힘이 작용합니다. 밀가루 반죽을 누르면 모양이 찌그러지고 축구공을 발로 차면 공이 눌리면서 한 방향으로 날아가는 것처럼요. 이와 같이 물체의 모양이나 운동 상태의 변화를 보면 힘이 어떻게 작용하는지 알 수 있어요.

텐트의 천과 폴이 형태를 유지하며 서 있을 수 있는 것은 두 가지 힘 때문이에요. 하나는 텐트 폴이 받는 '압축력'이고, 다른 하나는 텐트의 천과 줄이 견디는 힘인 '인장력'입니다. 압축력은 어떤 재료를 양쪽에서 중심 방향으로 밀 때 재료가 버티는 응력을 말합니다. 인장력은 압축력과 반대로 재료를 중심 방향에서 양쪽으로 당길 때 재료가 버티는 힘이에요.

텐트의 기둥이 되는 폴을 바닥에 세우고 텐트 천과 줄로 감싸며 빈틈없이 고정하면 바닥에서 미는 힘, 텐트 천과 줄이 미는 힘이 각각 폴의 중심부 방향으로 작용합니다. 반대로 고정된 폴과 폴 사이에 텐트 천을 연결하면 양쪽의 폴이 각각 천을 중심부에서 가장자리 방향으로 팽팽하게 당기는 힘이 발생하게 되지요. 밀당 기법이라고 생각하면 쉽겠지요? 두 힘의 절묘한 긴장과 조화로 인해 텐트가 세워지고 내부의 공간이 형성됩니다.

텐트가 세워지는 데는 폴이 가진 탄성력도 중요하게 작용합

어디까지 버티나 볼까?

니다. 탄성력은 고무줄을 생각하면 쉬워요. 고무줄을 잡아당기면 길이가 늘어나지만 잡아당긴 손을 놓으면 원래 길이로 되돌아가지요? 변형된 물체가 원래 모양으로 되돌아가는 성질을 '탄성'이라고 하고, 물체가 지닌 탄성에 의해 나타나는 힘을 '탄성력'이라고 합니다. 만약 폴의 탄성이 약하다면 압축력이나 인장력을 견디지 못하고 툭 부러지고 말 거예요.

예전에는 폴을 철로 만들었지만 최근에는 알루미늄 또는 알루미늄에 구리, 망가니즈, 마그네슘 등을 첨가한 두랄루민이라는 소재로 만듭니다. 알루미늄은 원자가 이리저리 쉽게 움직여서 무르고 강도가 낮지만, 알루미늄 안에 불순물이 적절하게 배치되면 그것이 원자의 움직임을 방해하기 때문에 합금의 강도가 증가해요. 알루미늄은 철에 비해 강도는 $\frac{1}{3}$ 정도로 낮지만 탄성력은 훨씬 뛰어납니다. 철이 높은 강도 덕분에 꼿꼿하게 무게를 버틴다면, 알루미늄은 탄성력을 이용해 이리저리 움직이면서 유연하게 힘을 견디는 특성이 있어요.

텐트 폴을 X자로 교차한 후 휘어서 세우고 바닥에 펙을 박아 고정하는 지금의 텐트 구조는 이러한 탄성력의 특성을 이용한답니다. 탄성력의 방향은 탄성체를 변형시킨 힘의 방향과 반대 방향으로 작용합니다. 즉 텐트 폴을 휘었을 때 원래대로 되돌아가려는 탄성력이 발생해 텐트의 무게를 지지하는 것이지요. 보

텐트

통은 폴 내부의 빈 공간을 통해서 폴과 폴을 고무줄로 연결해 사용합니다. 따라서 폴이 가진 탄성력에 이 고무줄의 탄성력이 더해져 더 튼튼하게 텐트를 고정할 수 있어요.

원치 않는 밤이슬 손님이 찾아온다면

텐트를 다 설치했다면, 쾌적한 텐트 생활을 위해 한 가지 알아두어야 할 것이 있어요. 바로 겨울철 텐트의 습도 관리입니다. 만약 텐트 안 공기의 순환에 문제가 있다면 텐트에서 잠을 청하는 캠퍼에게 반갑지 않은 상황이 발생합니다. 자고 일어났더니 텐트 바닥이 젖어 있거나 침낭이 눅눅해지는 일이 종종 생긴답니다. '결로'라고 하는 밤이슬 손님 때문이에요.

결로는 일상에서도 흔히 찾아볼 수 있는 현상입니다. 추운 곳에 오래 있다가 따뜻한 실내에 들어오면 안경이 뿌옇게 변하지요? 컵에 차가운 음료를 담았을 때 컵 바깥에 물방울이 맺혀 손이 축축해지기도 하고요. 이렇게 온도 차이로 인해 이슬이 맺히는 현상을 결로라고 부릅니다.

결로가 생기는 원인을 알려면 물의 상태변화 과정을 알아야 합니다. 물이 증발해 수증기가 되는 것처럼 액체가 기체로 변하는 것을 기화라고 합니다. 반대로 수증기가 차가운 컵에 닿으면 물방울이 되는데, 이처럼 기체가 액체로 변하는 현상을 액화라고 하지요. 텐트에 결로가 발생하는 원인은 액화 현상과 관련이 있습니다. 차가운 텐트의 내부 벽면에 따뜻한 공기가 맞닿으면서 공기 속에 있던 기체 상태의 수증기가 응결해 벽에 물방울 형태로 맺히는 것이지요.

겨울처럼 텐트의 실내 온도와 외부 온도의 차이가 큰 경우 온도 차에 의해 수증기압이 달라지기 때문에 이슬이 맺힙니다. 텐트 내부를 제대로 환기하지 않는 것도 이슬이 잘 생기는 원인입니다. 습기가 빠져나가지 못해 내부 습도가 상당히 높아진 것이지요. 텐트의 소재가 폴리에스테르 같은 합성 소재일 경우에도 공기 투과성이 낮아 결로가 쉽게 발생할 수 있어요.

꽤나 까다롭지요? 그렇다면 텐트의 결로를 최소화하는 방법은 무엇일까요? 결로 방지는 습도 관리라고 생각하면 쉬워요. 일단은 습기가 많은 지형에 텐트 치는 것을 피해야 합니다. 그리고 텐트에 공기 통로를 만들어 공기가 순환하도록 하고 환기에 신경을 써야 해요. 내부의 따뜻하고 습도 높은 공기가 텐트 밖으로 잘 빠져나갈 수 있도록요. 텐트에 이중 표피를 만드는 것도 하나의 방법입니다. 텐트 위에 차양 천을 씌워 위에서 떨어지는 이슬을 막거나, 바닥에 방수포 역할을 하는 그라운드시트를 깔

아서 바닥에서 올라오는 냉기를 차단할 수 있습니다.

결로가 생기면 곰팡이가 피고 텐트의 수명이 줄어듭니다. 텐트가 젖었다면 그대로 방치하지 말고 바싹 말려 건조해야 텐트의 기능을 오랫동안 잘 유지할 수 있어요. 짐을 싸기 전에 눅눅해진 텐트를 햇빛 아래 통풍이 잘되는 곳에 말리는 것, 잊지 마세요! 마지막이 뽀송해야 다음 캠핑 때도 쾌적한 기분을 느낄 수 있을 테니까요.

4

침낭

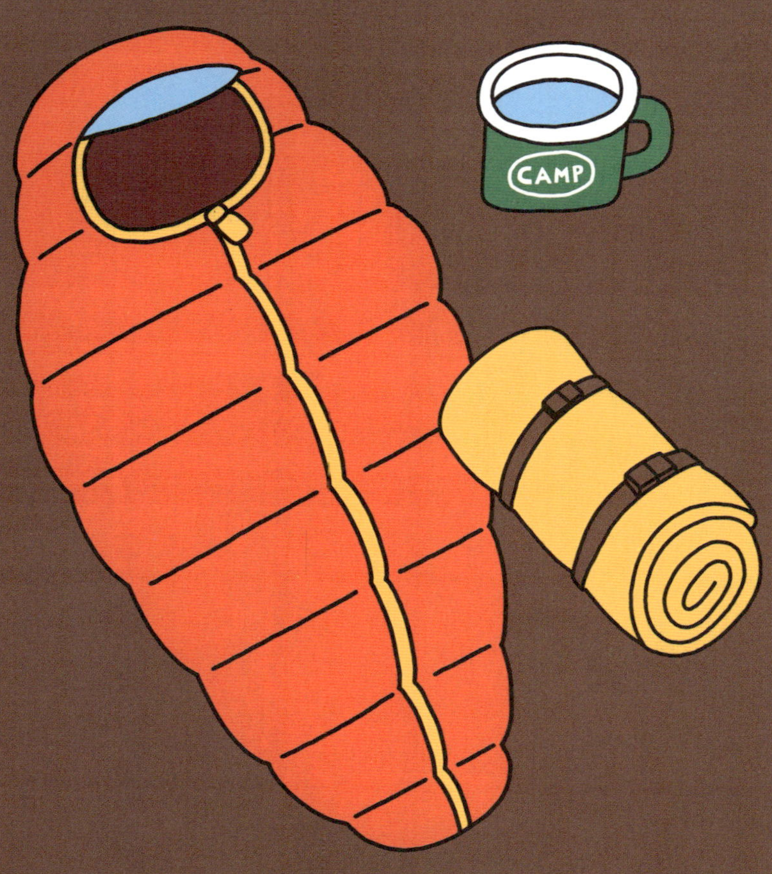

습기·냉기 완벽 차단!
바닥 공사의 비법

캠핑의 낭만은 포근한 침낭에 들어가 대지에 최대한 가깝게 밤을 대고 새, 풀벌레, 바람, 혹은 파도 소리를 듣는 데 있습니다. 달빛과 별빛을 이불 삼을 수도 있겠지만, 제대로 휴식을 취하려면 먼저 바닥이 편안해야 합니다. 최적의 매트와 침낭의 조합을 찾아 나만의 안락한 공간을 마련해 볼까요? 잠자리가 편안하면 낯선 환경에서의 하룻밤도 문제없을 거예요. 물론 집에 있는 침대보다는 불편하겠지만 이런 불편함에 캠핑의 진면목이 있습니다. 내게 맞는 장비를 골라 여러 아이디어로 살뜰히 활용하는 재미 말이지요! 그럼 지금부터 매트와 침낭, 그리고 만능 시에라 컵까지 나를 위한 캠핑 장비들을 하나씩 살펴볼까요?

안락한 잠자리의 기본은 바닥 공사

'따뜻하고 좋은 집 놔두고 왜 등 배기는 데서 자야 해?' 캠핑을 즐기지 않는 사람들이 자주 하는 이야기예요. 텐트를 잘 쳤더라도 바닥이 불편하면 잠도 제대로 자지 못하고 다음 날까지 몹시 피곤합니다. 지친 몸과 마음을 회복하러 떠나는 캠핑이니 잠을 푹 잘 수 있어야 해요.

야외 활동, 특히 겨울철 야영에 가장 필요한 장비는 무엇일까요? 대부분 침낭을 먼저 생각하지만 매트가 우선입니다. 숙면할 수 있는 환경을 만들려면 텐트 바닥에서 올라오는 습기와 냉기를 차단하는 것이 가장 중요해요. 이때 어떤 매트를 어떻게 깔아 두는지에 따라 텐트 내부 온도가 크게 달라질 수 있습니다. 매트를 잘 까는 일명 '텐트 바닥 공사' 작업이 캠핑의 질을 높이는 데 매우 중요한 역할을 한답니다.

물체 사이에 존재하는 열의 이동을 차단하는 것을 단열이라고 합니다. 사람이 차가운 텐트 바닥에 누워 있다고 가정해 봅시다. 시간이 지날수록 누워 있는 사람의 체온은 낮아지고 텐트 바닥의 온도는 높아질 거예요. 열역학법칙에 따르면 두 물체가 접촉할 경우 열의 이동이 발생해 두 물체의 온도가 같아지는 '열적 평형 상태'에 도달하기 때문이에요. 이때 열에너지는 반드시

온도가 높은 쪽에서 낮은 쪽으로 이동하므로 체온을 바닥에 빼앗기게 되는 것이지요. 바닥에 매트를 깔아 열의 이동을 최소화하면 체온이 떨어지지 않게 유지할 수 있습니다.

안락한 밤을 보내려면 어떤 매트를 골라야 할까요? 매트를 선택할 때 중요한 건 R 밸류를 따져 보는 것이에요. R 밸류는 저항 지수(Resistance Value)의 약자로 단열 성능을 나타냅니다. 이 숫자가 클수록 열 손실에 대한 저항력이 높아 단열이 잘됩니다. 매트의 소재, 충전재의 종류와 밀도, 디자인에 따라서도 단열 성능이 달라진답니다.

캠핑용 매트에는 크게 발포 매트, 에어 매트, 자충 매트가 있습니다. 발포 매트는 스티로폼을 소재로 접고 펼치기 쉽게 만든 매트로 누웠을 때 편안한 것이 특징이에요. R 밸류가 2 정도로 낮아 1℃ 내외의 늦가을 날씨까지는 단독 사용이 가능해요. 한쪽 면을 은박으로 처리한 제품이 인기인데, 여름을 제외한 계절에 은박 면이 위를 향하게 깔면 체온이 반사되어 보온 효과가 있습니다.

에어 매트와 자충 매트는 모두 공기를 단열재로 사용하는 매트입니다. 매트 내부의 공기가 대류로 인한 열 손실을 막아 주기 때문에 R 밸류가 발포 매트보다 높아요. 특히 자충 매트는 표면의 밸브를 통해 공기를 넣고 뺄 수 있어 휴대가 간편하지만, 겨울에는 기압차로 인해 공기가 느리게 채워진다는 단점이 있습니다.

매트의 특성을 알았으니 이제 '바닥 공사'를 할 차례입니다. 쾌적한 생활이 가능한 저만의 바닥 공사 비법을 알려 드릴게요. 먼저 텐트를 치기 전에 땅에서 올라오는 습기를 막아 줄 방수포, 그라운드시트를 깔아 주면 좋지만 생략해도 괜찮아요. 설치한 텐트 내부에 은박으로 된 돗자리를 깔고, 그 위로 적합한 매트를 올립니다. 매트 2개를 겹쳐 깔거나 발포 매트 위에 에어 매트, 자충 매트를 올려 2단 이상으로 만들 수도 있어요. 그리고 마지막으로 이불에 해당하는 침낭을 올려 놓습니다. 추운 겨울철에는 담요나 전기장판까지 준비한다면 실내가 부럽지 않겠지요?

포근하고 따뜻한 침낭 속으로

캠핑 장비 중에서 매트만큼 중요한 것이 있습니다. 바로 침낭이에요. 슬리핑백이라고도 부르는 침낭은 천과 천 사이에 깃털이나 솜 등 단열 충전재를 채워 넣고 자루 모양으로 만든 침구입니다. 침낭은 전쟁 때 편리한 휴대와 보관을 위해 담요나 이불을 대신해서 만들어졌어요. 19세기 말 오지 탐험가와 등산가 들

의 요구에 의해 충전재로 깃털을 넣기 시작하면서 오늘날 우리가 사용하는, 흡사 미라를 닮은 '머미형 침낭'의 모습이 되었습니다.

고급 침낭의 경우 충전재로 오리털이나 거위털이 들어갑니다. 깃털은 새를 다른 생물 집단과 구별해 주는 특징 중 하나입니다. 특히 춥고 습한 환경에서 자란 물새의 날개 깃털은 비와 눈에도 쉽게 젖지 않도록 자연스레 윤기를 덧입는 특성이 있고, 가슴과 겨드랑이 부위에는 단열 기능이 뛰어난 매우 부드러운 솜털이 납니다.

오리털이 물에 젖지 않는 첫 번째 이유는 깃털의 구조를 보면 알 수 있습니다. 오리의 깃털은 가운데 굵은 마디를 중심으로 양옆으로 수많은 섬유가 나 있습니다. 이 작고 섬세한 섬유들은 그 사이사이로 촘촘하게 공기를 가두고 있어요. 이런 구조로 인해 표면장력이 발생해 깃털에 물이 닿으면 물방울 형태로 변하지요. 표면장력이란 액체의 입자가 수축해서 겉면적을 최소화하려는 힘으로 물방울이 대표적인 예입니다. 이때 만들어진 물방울은 깃털에 흡수되지 않고 굴러떨어지기 때문에 깃털이 물에 젖지 않습니다.

두 번째는, 피지를 분비하는 피지선이라는 기관이 있기 때문입니다. 오리가 대가리를 뒤로 돌려 꽁무니를 쪼는 것을 본 적 있나요? 사실 꽁무니를 쪼는 것이 아니라, 항문 위쪽에 있는 피지선의 기름으로 깃털을 다듬는 것이랍니다. 이렇게 하면 피지가 깃털 표면에 얇은 막을 형성해 물이 깃털 안으로 침투하는 것을 막아 줍니다. 이렇듯 깃털의 구조와 피지선 두 가지 요인이 함께 작용해 오리의 깃털은 물에 젖지 않습니다.

오리털 침낭이나 패딩 재킷이 따뜻한 이유도 앞서 이야기한 깃털의 구조와 관련이 있습니다. 오리털 섬유 사이에 들어 있는 공기는 열전도율이 낮아 이 오리털은 에어 매트, 자충 매트에도 사용되는 매우 좋은 단열재입니다. 한편 거위털과 오리털은 모양은 비슷하지만 일반적으로 거위털이 더 가볍고 따뜻하다는 평가를 받습니다. 거위털은 오리털보다 가슴의 솜털이 2배 가량 길고 면적이 큽니다. 또한 털이 달려 있는 마디와 마디 사이의 거리가 길어 공기가 들어갈 공간이 더 많이 생기므로 오리털보다 더 많은 공기를 품을 수 있어요.

그런데 혹시 침낭 속 거위털과 오리털을 어떤 방식으로 얻는지 생각해 본 적 있나요? 거위털의 경우 의식이 있는 거위의 털을 부분적으로 채취하는 것이 일반적입니다. 알을 낳는 거위는 일생 동안 5번에서 최대 15번까지, 식용으로 사육되는 거위는 4번 정도 산 채로 털을 뽑히다 죽습니다. 오리털은 한 번에 채취 가능한 털의 양도 적고, 털을 뽑기도 어려워 오리를 죽인 후 털

뽀송
뽀송

을 채취합니다.

동물 착취의 결과로 따뜻한 침낭이 만들어지는 것이지요. 이 사실을 알게 된 이상, 하룻밤 편안함을 위해 동물의 털로 만든 침낭을 선뜻 사용하기는 힘들 거예요. 대체재가 없는 것도 아니니까요. 최근에는 동물 복지와 환경 윤리에 대한 감수성이 높아지면서 동물성 원료 대신 친환경 소재를 충전재로 사용하는 추세예요. 해안으로 유입되는 플라스틱 폐기물을 수거해서 만든 침낭, 재활용 페트병에서 100% 추출한 미세 섬유로 만든 패딩 재킷, 구제 의류나 침낭에서 얻은 솜털과 깃털을 재활용한 제품 등이 있어요. 우리도 동물을 보호하고 환경까지 지키면서 슬기로운 캠핑을 해 보는 것은 어떨까요?

캠핑 필수품, 팔방미인 시에라 컵

자, 텐트도 치고 매트도 깔고 침낭도 펴 놨으니 이제 앉아서 뭐라도 마시면서 잠깐 휴식을 취해 봅시다. 캠핑 필수품, 시에라 컵을 챙기셨나요? 캠핑을 즐기는 사람이라면 한 번쯤 들어 봤을 시에라 컵은 밥그릇, 냄비, 계량컵, 양치 컵, 심지어 삽으로까지 다용도로 사용할 수 있는 편리한 도구예요.

시에라 클럽 로고가 새겨진 정품 시에라 컵의 모습. 컵의 위쪽과 아래쪽에 다른 재질의 금속을 사용했다.

시에라 컵은 미국의 환경 운동 단체 '시에라 클럽(Sierra Club)'이 최초로 만든 데서 유래한 이름이에요. 환경 운동 자금을 마련하고자 요즘 흔히 말하는 '굿즈'로 컵, 스카프, 지도, 구급약품 등을 만들어 판 것입니다. 그런데 컵이 출시되고 좋은 반응을 얻으면서 환경 운동 단체의 컵을 가리키던 고유명사가 이런 부류의 캠핑 취사도구를 아우르는 보통명사로 굳어졌어요. 제조 기업인 쓰리엠(3M)에서 생산하는 스카치테이프도 실은 상품명이지만 셀로판테이프라는 원래 단어보다 더 자주 사용하면서 결국 사전에까지 등재된 것처럼요.

평범하게 생긴 시에라 컵이 왜 그렇게 인기인지 알아볼까요?

시에라 컵의 최대 장점은 열전도 방지 기능에 있습니다. 언뜻 보면 똑같아 보이지만 사실 시에라 컵의 테두리와 손잡이는 컵의 몸통 부분과 재질이 다릅니다. 내용물의 열이 불필요한 부분까지 전달되지 않도록 설계된 것이지요.

시에라 컵을 옆면에서 자세히 들여다보면 서로 다른 2개의 금속 선을 볼 수 있습니다. 컵의 아래쪽에는 내용물의 온도를 유지하기 위해 열전도율이 높은 금속을, 위쪽과 손잡이 부분에는 화상을 방지하기 위해 열전도율이 낮은 금속을 사용했기 때문이에요. 보통의 컵이라면 스토브에 직접 올려 차를 끓이는 행위는 매우 위험합니다. 하지만 시에라 컵은 각 부분마다 서로 다른 금속을 사용했기 때문에 차를 끓여도 잠시 식히면 컵에 바로 입을 대고 마실 수 있어요.

시에라 컵에는 위에서 내려다봤을 때 바닥에 'SIERRA CLUB'이라는 글씨가 영어로 새겨져 있습니다. 현재 국내에서 시에라 컵이라는 이름으로 판매되는 컵은 모양만 비슷할 뿐 정품이 아니어서 이 글씨도, 원래 이 컵이 지닌 기능도 없는 경우가 많아요. 위아래 재질을 구분하지 않고 보통 스테인리스나 티타늄 한 가지 소재로 만듭니다. 그리고 초기에는 바닥은 좁고 입구는 넓은 모양이었지만 최근에는 여러 가지 형태로 만들어지고 있습니다. 손잡이가 접이식으로 된 시에라 컵은 부피를 줄일 수 있

어 휴대하기 좋고, 카라비너로 연결하면 배낭 어디에든 걸 수 있지요.

마지막으로 저만의 시에라 컵 활용법 하나를 알려 드릴게요. 컵 안에 휴대폰을 넣고 음악을 틀어 보세요. 소리가 증폭되며 스피커 역할을 해 주어 블루투스 스피커가 없을 때 딱이랍니다. 캠핑에서 절대 빠질 수 없는 시에라 컵! 원리를 알고 나니 더 잘 사용할 수 있겠지요?

5

암석

암석의 고향을
어떻게 알 수 있을까?

자연 속에 나만의 집을 완성했다면, 이제 주변을 둘러볼 시간입니다. 캠핑장의 돌을 가만히 들여다보면 똑같이 생긴 돌은 하나도 없다는 걸 알 수 있어요. 날카롭게 드러난 산의 암석도, 강가에 모인 동글동글 조약돌도 볼 수 있지요. 갑자기 하늘에서 뚝 떨어진 것이 아니라, 하나하나 자기 이름이 있고 지금까지 겪어 온 이야기를 간직하고 있는 돌들이랍니다. 한국에는 선캄브리아시대부터 신생대까지 다양한 시기에 형성된 화성암, 퇴적암, 변성암이 있어요. 또 남반구에서 만들어진 암석, 대륙이 충돌하면서 생긴 암석, 화산 분출로 인한 암석 등 그 기원과 종류도 천차만별입니다. 지질 공원에서 캠핑을 즐기며 주변 지역 암석이 품은 이야기에 귀 기울여 볼까요?

우리는 대부분 땅 위에서 생활하며 지구 속을 직접 볼 일이 없지만 사실 지구는 여러 층으로 이루어져 있어요. 가장 바깥에 있는 층인 지구의 표면을 지각이라고 하는데, 대륙이 있는 지각을 대륙지각, 태평양이나 대서양 등 바닷속에 있는 지각을 해양지각이라고 부릅니다. 지각 아래에 있는 맨틀은 지구 내부에서 가장 큰 부피를 차지하고 있어요. 맨틀 안쪽으로 좀 더 들어가면 외핵과 내핵이 존재합니다. 특히 외핵은 액체 상태로 되어 있어서 지구에 자기장을 만들고, 지구 자기장은 태양에서 오는 유해한 태양풍을 막아 주지요. 덕분에 지구에서 생물들이 안전하게 살아갈 수 있어요.

그런데 땅속에 들어가 보지도 않고 외핵이 액체 상태라는 건 어떻게 알 수 있었을까요? 지진파를 이용하면 알 수 있습니다. 지구 내부를 통과하는 지진파로는 P파와 S파가 있어요. P파는 고체, 액체, 기체를 모두 통과하고, S파는 고체만 통과합니다. 지진이 발생할 때 지진기록계로 지진파를 측정하면, S파가 통과하지 못하는 부분이 있음을 알 수 있습니다. 이를 통해 지구 내부에 액체 상태의 층이 있다는 것을 유추한 것이지요. 그 층이 바로 외핵입니다. 외핵의 안쪽, 지구의 중심부에 위치한 내핵은 외

암석

핵과 달리 고체입니다. 태양 표면과 비슷한 6,000℃ 정도로 온도
가 높지만, 그만큼 압력도 높아 고체 상태로 존재합니다.

　이제 지구의 표면으로 다시 올라와 봅시다. 지구의 표면인 지
각은 화강암, 현무암 같은 암석으로 구성되어 있어요. 대륙지각
은 주로 화강암, 해양지각은 현무암입니다. 앞으로 우리가 전국
각지의 지질 공원에서 살펴볼 것도 지구 표면에 있는 다양한 암
석들이에요.

　'마인크래프트' 게임을 좋아하나요? 플레이어가 에메랄드, 청
금석, 흑요석 등 다양한 광물을 채굴하는 게임이지요. 여기서 광
물이란 암석을 구성하는 작은 입자입니다. 예를 들어 화강암 속
에는 검은색의 흑운모, 분홍색의 정장석, 흰색의 사장석, 투명하
지만 회색을 띠는 석영 등이 들어 있어요. 그런데 언뜻 보기에
광물처럼 생겼다고 모두 다 광물인 것은 아닙니다. 마인크래프
트에 나오는 흑요석이 대표적이에요.

　게임에서 흑요석은 물과 용암이 만나 만들어집니다. 실제로
도 흑요석은 그렇게 용암이 빨리 식어 형성돼요. 그런데 결정구
조가 일정한 광물과 달리, 흑요석은 매우 빠르게 굳어지는 바람
에 일정한 결정구조를 이루지 못합니다. 창문에 있는 유리도 흑
요석처럼 결정구조를 형성하지 못하는 대표적인 예랍니다. 흑요
석은 화산활동으로 만들어진 화성암의 한 종류로 유리질 암석

흑요석
광물

입니다. 흑요석과 다르게 용암이 천천히 식어 결정구조를 형성하면 광물인 석영이 됩니다.

눈에는 보이지 않지만 광물은 주기율표에 나오는 원소로 이루어져 있습니다. 지각에는 약 92종의 원소가 있어요. 이 원소들이 골고루 분포하지는 않습니다. 가장 많은 원소는 산소이고, 그 다음이 규소입니다. 알루미늄, 철, 칼슘, 나트륨도 광물에서 많이 찾아볼 수 있는 원소예요.

광물마다 어떤 원소가 들어 있는지는 색깔로 가늠해 볼 수 있습니다. 규소와 칼슘, 나트륨 등이 많은 광물은 색이 밝고, 철이나 마그네슘이 많이 들어 있는 광물은 색이 어둡습니다. 같은 광물이어도 어떤 불순물이 들어 있느냐에 따라 광물을 부르는 이름 또한 달라요. 석영은 밝고 투명하지만, 석영에 철이 불순물로 들어가면 보라색을 띠는 자수정이 됩니다. 타이타늄이 들어가면 예쁜 분홍색의 장미석영이 되지요.

지역과 위치에 따라 발견되는 광물과 암석의 종류도 천차만별이에요. 한탄강 캠핑장 주변을 걷다 보면 구멍이 송송 뚫린 현무암을 볼 수 있고, 반짝반짝 빛나는 광물도 주울 수 있어요. 또 태백산 캠핑장에서는 5억 년 전 바다에서 살던 삼엽충 화석을 발견할 수 있답니다. 이 캠핑장들의 공통점은 지질 공원이라는 점입니다. 그럼 이제 우리나라의 지질 공원으로 가 볼까요?

환경부에서는 지질학적으로 중요하고, 지구에 살아가는 사람과 동식물의 터전이 되는 지질과 지형 경관을 보존하고자 지질 공원을 인증해 관리하고 있습니다. 해마다 많은 사람이 오랜 세월에 걸쳐 만들어진 잘 보존된 경관을 즐기기 위해 전국 각지의 지질 공원을 방문합니다. 우리나라에는 5개의 유네스코 세계지질공원과 16개의 국가지질공원이 있는데, 각 지질 공원에는 멋진 캠핑장이 있어 여유롭게 머무를 수 있어요.

한탄강 유네스코 세계지질공원은 서울에서 가까운 강원도 철원과 경기도 포천, 연천에 걸쳐 있는 매우 큰 공원입니다. 이곳에는 휴전선 북쪽에 있는 평강 지역에서 50만 년 전부터 12만 년 전 전까지 용암이 분출해 굳은 현무암이 있습니다. 그때 분출한 용암이 옛 한탄강을 따라 파주 지역까지 약 140km를 흘러갔다고 하니 굉장하지요?

이곳에서는 한반도 내륙에서 용암이 분출하고 한탄강에 침식되어 만들어진 멋진 지형들을 볼 수 있습니다. 특히 비둘기낭 폭포 캠핑장 옆에는 그 이름처럼 비둘기낭 폭포가 있는데, 현무암이 침식되면서 만들어진 지형입니다. 여기서 비둘기낭은 비둘기 둥지라는 의미예요. 실제 폭포 안쪽의 동굴에 산비둘기가 많이

왼쪽은 용암의 표면에 형성된 기공이 많은 현무암이고, 오른쪽은 용암의 내부에 형성된 기공이 거의 없는 현무암이다.

살고 있습니다.

비둘기낭 폭포를 구성하는 암석인 현무암은 어떤 특징이 있을까요? 숭숭 뚫린 구멍, 어두운 색깔, 빠르게 굳은 용암으로 인해 크기가 작은 결정……. 학교에서 배우는 내용이지요? 현무암에서 일반적으로 볼 수 있는 구멍은 용암 속 가스가 빠져나가면서 급속도로 굳으며 방울 형태가 만들어진 것입니다. 그런데 한탄강의 현무암을 만든 용암은 온도가 높아 용암 내부의 가벼운 가스가 모두 위로 올라가서 용암의 표면에만 기공이 있고, 내부에는 기공이 없습니다. 한탄강에서 구멍이 없는 현무암을 많이 볼 수 있는 이유이지요.

비둘기낭 폭포의 암석 절벽 사이로는 시원한 폭포수가 떨어집니다. 폭포와 그 주변의 암석에 있는 갈라진 틈을 '절리'라고 합니다. 절리는 형태에 따라 여러 이름으로 불리는데 이 절리는 수직 방향으로 나타나 '주상절리'입니다. 일반적으로 물질은 액체가 굳어 고체가 되면 부피가 줄어듭니다. 마찬가지로 주상절리는 액체인 용암이 굳어 현무암이 될 때 부피가 수축하면서 만들어진 것이에요.

폭포수와 주상절리를 충분히 감상했다면 마지막으로 트레킹을 즐길 차례입니다. 한탄강 협곡을 따라 이어지는 여러 트레킹 코스 중 한탄강 하늘다리가 있어요. 한탄강 하늘다리는 출렁다리여서 다리를 걷다 보면 내 의지와 상관없이 몸이 상하좌우로 흔들립니다. 그래서 흔들다리라고도 불리고, 공학적으로는 샌프란시스코의 금문교나 부산의 광안대교와 같은 현수교에 해당하지요. 즉 강이나 계곡과 같은 긴 공간을 가로질러 연결하는 다리를 말해요. 현수교는 도로로 사용되는 경우가 많기 때문에 안정성을 높이기 위해 다리의 양 끝 타워에 케이블을 연결하고, 중간에도 다리 본체를 지지하는 여러 개의 작은 케이블이 있습니다.

수백 권의 책을 쌓은 듯한 채석강

다음으로 둘러볼 캠핑 명소는 변산반도입니다. 전라남도 부안군

에 있는 변산반도는 전북 서해안 유네스코 세계지질공원이면서 국립공원입니다. 이곳에서는 수많은 책을 차곡차곡 쌓은 듯한 지층을 볼 수 있어요. 그중에서도 가장 아름다운 곳은 단연 채석강과 적벽강입니다. 지층이라면서 갑자기 무슨 강이냐고요? 채석강과 적벽강은 물이 흐르는 강이 아니라 해식 절벽이랍니다. 이곳 해식 절벽이 중국의 시인 이태백과 소동파가 노닐던 채석강과 적벽강의 모습과 비슷하다 해서 같은 이름이 붙여졌어요.

변산반도에 가면 공룡이 살던 약 7천만 년 전으로 돌아간 느낌이 듭니다. 중생대 백악기의 깊은 호수에서 퇴적물과 화산재가 쌓여 만들어진 역암, 사암, 이암, 응회암 등의 퇴적암을 볼 수 있거든요.

중생대 백악기 때 한반도는 바다에 둘러싸이지 않은 내륙지역이었습니다. 사면을 둘러싼 바다는 없었지만 거대한 호수가 있어서 강물에 의해 운반된 퇴적물이 차곡차곡 쌓였지요. 특히 홍수가 발생하면 많은 양의 퇴적물이 급류를 타고 이동하게 됩니다. 이때 자갈과 같은 큰 암석들이 쌓이면 역암층이 형성되고, 강물의 유속이 약해지면 모래와 진흙이 쌓여 사암과 이암이 만들어집니다.

역암에 들어 있는 자갈은 크기가 어느 정도일까요? 주먹만 한 암석? 엄지손가락만 한 크기? 자갈이라고 하면 너무 작지 않은 크기의 돌이 머릿속에 그려질 테지만, 사실 2mm 이상의 퇴적물이면 자갈로 분류합니다. 2mm부터 $\frac{1}{16}$mm까지가 모래이고, 그 이하를 실트, 진흙이라고 부르지요.

마지막 빙하기가 끝나고 간빙기가 시작되면서 빙하가 녹아 지구 전체적으로 해수면이 높아졌습니다. 이때 한반도 서쪽에 바닷물이 들어와 서해가 만들어졌어요. 변산반도 지역에 있는 거대한 해식 절벽과 해식동굴은 서해의 파도가 오랜 시간 지층과 부딪혀 형성된 것이에요. 파도가 지층의 단면을 깎아 준 덕분에 현재 우리가 멋진 경관을 볼 수 있게 되었지요. 바닷가를 따라 채석강을 둘러보면 퇴적암에서 휘어진 습곡과 지층이 잘린 단층도 볼 수 있습니다.

변산반도에 방문했다면 해식동굴을 그냥 지나칠 수 없겠지요? 채석강의 해식 절벽을 따라 걷다 보면 해식동굴이 나타납니다. 해 질 녘 동굴에 들어가 바다를 배경으로 멋진 일몰 사진을 찍으려면 물때를 잘 맞춰 가야 합니다. 서해는 조차가 크기 때문에 밀물일 때는 바닷가 산책로에 들어갈 수 없어요. 달과 태양에 의한 인력으로 발생하는 밀물과 썰물은 그중 달의 영향을 더 크게 받습니다. 밀물과 썰물은 하루에 두 번 일어나는데, 항상 같은 시간에 볼 수 있는 현상은 아닙니다. 달이 지구 주위를 하루에 약 13도씩 공전하기 때문에 매일 약 50분씩 달 뜨는 시간이

암석

늘어지거든요. 따라서 그날의 첫 번째 밀물에서 다음 밀물까지
는 약 12시간 25분이 걸립니다. 채석강의 물때에 맞춰 바닷가를
걸으며 차곡차곡 쌓인 퇴적암을 관찰해 보세요.

암석의 고향을 밝혀라!

이번에는 한여름 더위를 피해 캠핑하기 가장 좋은 곳, 강원도로
가 보겠습니다. 강원도에서도 특히 태백 지역은 다른 곳보다 고
도가 높아 평균기온이 낮습니다. 뜨거운 여름에도 시원하게 캠
핑을 즐기기에 안성맞춤인 곳이지요.

지질학자들은 태백산을 이루는 암석이 과거 남반구에서 긴
세월을 거쳐 이곳까지 이동해 왔다는 사실을 알아냈어요. 어떻
게 알았을까요? 암석이 생성될 때는 암석 속에 있는 철 성분이
지구 자기장, 즉 지자기의 방향과 같은 방향으로 배열됩니다. 그
과정에서 암석에 당시 지자기가 기록되는데, 이를 '고지자기'라
고 합니다. 즉 고지자기를 측정해서 그 암석이 생성된 과거 지자
기 방향을 파악하고, 이를 현재 지자기 방향과 비교하면 암석이
어디에서 이동해 왔는지 알 수 있습니다.

고지자기를 측정할 때는 보통 나침반의 '복각'을 이용합니

다. 복각이란 나침반과 평행한 가상의 면을 그린다고 할 때, 그 수평면과 나침반 N극의 바늘이 이루는 각도를 말해요. 복각은 위도에 따라 달라지는데 복각이 0도가 되는 지역을 자기 적도, +90도가 되는 지역은 자기 북극, −90도가 되는 지역은 자기 남극이라고 합니다. 태백 지역의 석회암에서 고지자기의 복각을 측정했더니 남위 20~30도(현재의 호주 서부)에 위치해 있다가 고생대 말~중생대 초의 대륙 이동으로 인해 현재 위치에 도착했음이 밝혀졌습니다. 긴 여행을 해서 이곳까지 오게 된 거예요.

오늘날까지 전해지는 고생대의 흔적은 여기서 그치지 않습니다. 삼엽충이라는 동물에 관해 들어 본 적 있나요? 태백고생대자연사박물관 앞 계곡을 따라 걸으며 지층을 관찰하면 석회암 속에 들어 있는 삼엽충 화석을 찾아볼 수 있습니다. 삼엽충의 외골격은 몸의 중앙부에 길게 솟은 축엽과 좌우의 측엽, 즉 세 개의 엽으로 구분되어 있어 삼엽충이라는 이름을 갖게 되었어요.

삼엽충은 과거 바다에 살았던 절지동물로, 2만 종 이상이 화석으로 남아 있습니다. 고생대 초기에 출현해 고생대 말 멸종할 때까지 3억 년 넘게 번성했던 삼엽충의 크기는 1~2mm에서 90cm 이상까지 다양합니다. 단단한 껍데기를 탈피하며 성장했기 때문에 그 껍데기가 지층에 남게 된 거예요. 따라서 삼엽충이 묻혀 있는 암석은 고생대에 퇴적된 지층임을 알 수 있습니다.

석회암 속에 들어 있는 삼엽충 화석의 모습.

생생한 화산의 흔적을 따라서

마지막으로 둘러볼 곳은 가을에 유독 아름다운 주왕산입니다. 가을의 주왕산은 울긋불긋한 단풍잎으로 화려한 모습을 보여 줍니다. 주왕산 입구에는 국립공원에서 운영하는 캠핑장이 있어요. 이곳에서 캠핑을 하면 기암괴석과 협곡으로 이루어진 주왕산 계곡을 탐방할 수 있답니다.

청송 유네스코 세계지질공원으로 지정된 주왕산은 7천만 년 전 격렬한 화산활동으로 화산탄과 화산재가 아주 두껍게 쌓이면서 만들어진 바위산입니다. 뜨거운 화산재가 아주 빨리 식으면서 현무암 주상절리를 만들었고, 그 절리를 따라 물이 흐르며 깊은 골짜기가 형성되었지요.

화산재가 쌓여서 만들어진 암석을 응회암이라고 합니다. 같은 화산재 출신이라도 응회암이 만들어지는 방식은 꽤나 다양하답니다. 화산이 폭발할 때 화산재가 하늘로 올라갔다가 식은 후 땅으로 떨어지면서 만들어질 수도 있고, 뜨거운 화산재가 분화구 주위 산을 따라 흘러내려 쌓이며 만들어질 수도 있습니다. 주왕산 응회암은 뜨거운 화산재가 높은 온도에서 엉겨붙으면서 만들어졌습니다.

이탈리아 고대 도시 폼페이에서는 화산재가 너무 많이 쌓여 도시가 아예 사라지기도 했다지요. 당시의 상황으로 좀 더 들어가 볼까요? 서기 79년 8월 24일 베수비오 화산이 거대한 폭발을 일으켰습니다. 엄청난 양의 화산재와 화산분출물이 화산 근처의 도시 폼페이를 덮쳤어요. 운 좋게 도망친 사람도 있었지만, 안타깝게도 화산재 속에 묻힌 사람이 훨씬 많았습니다. 화산이 분출하면서 나오는 화산재의 온도는 400℃가 넘기 때문에 화산재에 덮이면 살아남기 어렵습니다. 게다가 화산재가 밀려오는 속도는 시속 200km 이상이므로 화산 폭발을 알았더라도 피할 시간은 턱없이 부족했을 거예요.

　　이렇게 도시 전체가 화산재 밑에 오래도록 잠들어 있다가 1592년 운하를 건설하는 과정에서 고대 도시 폼페이의 존재가 알려지게 되었습니다. 이후 1861년, 보다 체계적인 발굴과 수리, 보존이 이루어진 덕분에 당시 상황이 생생히 전해졌습니다.

　　주왕산 골짜기를 걸으면 과거 화산재가 쌓여 암석이 만들어지던 순간을 상상해 볼 수 있습니다. 뜨거운 화산재가 쌓인 암석의 표면, 화산재가 식으면서 만들어진 급수대 주상절리, 그리고 암석 틈을 따라 물이 흐르는 협곡과 높은 절벽에서 물이 떨어지면서 만들어진 폭포도 장관입니다. 단풍이 아름다운 주왕산을 걸으며 화산 지형을 생생하게 느껴 보세요.

6

식물

광합성 공장이
임시 휴업을?

여러분은 산책을 좋아하나요? 캠핑장 산책로를 걸으면 맑은 공기 덕분인지 기분이 상쾌해지고 마음은 몽글몽글해집니다. 이렇게 깨끗한 공기를 마실 수 있는 건 식물들이 주변을 가득 채우고 있기 때문입니다. 다종다양한 암석에서 먼 옛날의 흔적을 발견하는 것도 흥미롭지만, 자연을 구성하는 식물을 살펴보는 재미도 쏠쏠하답니다. 언뜻 비슷한 풀들 같지만 자세히 보면 어제와 오늘, 봄과 여름에 다 다른 모습을 하고 있거든요. 계절에 따른 식물의 변화를 지켜보는 것도 빼놓을 수 없는 캠핑의 묘미입니다. 자, 그럼 산책로를 걸으며 사계절의 아름다움을 느껴 볼까요?

꽃이 향기로운 데는 이유가 있다

봄은 진분홍의 진달래, 철쭉부터 샛노란 개나리, 새하얀 벚꽃까지 온갖 꽃으로 치장하고 우리를 반깁니다. 꽃나무는 아름다운 색깔뿐만 아니라 좋은 향기를 갖추고 손님을 맞이하고, 그 꽃에 모이는 벌과 새의 소리로 숲은 화려하고 분주해집니다. 그래서 봄은 가장 아름다운 계절이라고 불리기도 하지요.

그런데 꽃은 식물에서 단순히 '아름다움'만을 담당할까요? 꽃의 존재 이유는 무엇일까요? 사실 꽃은 식물의 번식을 위해 존재하는 생식기관이랍니다. 우리가 꽃을 향해 품는 마음은 인간의 짝사랑일 뿐, 꽃이 예쁜 외양과 달콤한 향기를 갖는 이유는 곤충에게 잘 보이고 싶기 때문이에요. 곤충이 꽃으로 날아들어 꽃가루를 옮겨 줘야 씨앗을 남길 수 있으니까요.

꽃은 기본적으로 꽃잎, 꽃받침, 암술, 수술의 구조로 이루어져 있습니다. 꽃잎과 꽃받침은 아름다움을 담당할 뿐만 아니라 기후의 변화나 적으로부터 암술과 수술을 보호하는 역할을 합니다. 수술의 꽃밥 속에서 만들어진 꽃가루가 바람이나 곤충 등에 의해 암술머리로 옮겨지면 수분이 됩니다. 수분된 꽃가루가 밑씨와 수정하면 밑씨는 자라서 씨가 되고 밑씨를 둘러싼 씨방은 자라서 열매가 됩니다.

아주 오래전의 식물은 밑씨를 보호하는 기관이 없어서 밑씨가 겉으로 드러나 있었습니다. 이러한 식물을 겉씨식물이라고 합니다. 이후 식물이 진화하면서 밑씨를 보호하는 씨방이 생겼고 이제 밑씨가 씨방에 둘러싸여 겉으로 드러나지 않게 되었는데 이를 속씨식물이라고 합니다. 겉씨식물에서 속씨식물로 진화하면서 더욱 안전하게 수정을 할 수 있게 된 것이지요.

꽃도 식물에서 처음부터 존재한 것은 아니랍니다. 꽃은 수백만 년 전 잎이 변해서 생겼어요. 꽃잎 역시 진화의 산물입니다. 겉씨식물의 꽃에는 꽃잎이 없었고 바람으로 꽃가루를 운반했지요. 그러다가 속씨식물이 생기면서 아름다운 꽃잎을 갖추게 되고 곤충들이 꽃가루를 운반하게 되었어요. 꽃잎을 갖춘 최초의 꽃은 지금의 목련과 비슷한 모양이었을 것으로 추측하고 있답니다. 시간이 지나면서 다양한 형태의 꽃잎이 생겨났습니다.

꽃을 꽃잎의 형태에 따라 크게 두 가지로 나눈다면 꽃잎이 통으로 붙어 있는 통꽃과 꽃잎이 하나하나 나뉘어 있는 갈래꽃으로 분류할 수 있습니다. 캠핑장 주위에서는 개나리, 철쭉, 나팔꽃, 수수꽃다리, 도라지 같은 통꽃을 볼 수 있지요. 갈래꽃은 다시 꽃잎의 수에 따라 구분됩니다. 줄기를 꺾으면 마치 아기의 똥과 같은 노란 즙이 나와서 애기똥풀이라는 이름이 붙은 꽃은 봄에 주변에서 흔히 볼 수 있는 귀여운 꽃이에요. 이 애기똥풀의

제비꽃은 다섯 장의 꽃잎이 있는 갈래꽃에, 민들레는 꽃잎이 통으로 붙어 있는 통꽃에 해당한다.

꽃잎을 관찰해 보면 하나 같이 네 장의 꽃잎을 가지고 있어요. 반면 매실나무, 조팝나무의 꽃들은 다섯 장의 꽃잎을 가진 것이 특징입니다. 보라색의 제비꽃도 얼핏 통꽃처럼 보이지만 꽃잎을 뜯어 보면 다섯 장의 꽃잎을 가지고 있어요.

그럼 민들레는 어떨까요? 민들레는 꽃잎이 굉장히 많아 보이지요. 그런데 민들레 꽃잎을 뜯어서 자세히 관찰해 보면 하나의 꽃잎이 수술을 감싸고 있습니다. 사실 민들레는 꽃잎 하나가 하나의 꽃이랍니다. 그러니까 민들레 꽃은 수많은 통꽃의 다발인 거예요. 신기하지요? 해바라기나 국화도 민들레와 마찬가지로

통꽃의 다발입니다.

사람이든 자연이든 자세히 알수록 사랑하게 되는 법이지요. 캠핑장에서 만나는 꽃들의 이름을 알아보고, 그 꽃들을 관찰해서 분류해 보면 꽃의 아름다움에 취해 더 재미있는 시간을 보낼 수 있을 거예요. 그럼 이제 여름철 식물의 아름다움을 느끼러 가 볼까요?

잎차례에서 찾은 황금비

여름이 되면 캠핑장에는 녹음이 우거집니다. 무성하게 피어난 잎들과 함께 온통 초록색 세상이 되지요. 이때 잎은 식물에서 아주 중요한 역할을 담당합니다. 바로 광합성과 증산작용입니다.

광합성은 식물이 태양의 빛에너지를 이용해 이산화탄소와 물을 원료로 양분을 만드는 과정입니다. 이것을 식으로 표현하면 다음과 같지요.

$$이산화탄소(CO_2) + 물(H_2O) \rightarrow 포도당(C_6H_{12}O_6) + 산소(O_2)$$

광합성을 해서 만들어진 포도당은 다시 녹말로 바뀌어 줄기와 뿌리에 저장됩니다. 이렇게 만들어진 양분은 식물의 에너지 원으로 사용됩니다. 그런데 동물은 식물과 달리 스스로 광합성을 통해 양분을 만들 수 없어요. 동물도 인간도 식물이 만든 양분을 섭취하니 알고 보면 식물에 의존해서 살아간다고 할 수 있습니다. 우리에게 양분을 만들어 주는 식물에게 고마워할 이유가 충분하지요?

식물이 광합성을 하기 위해 꼭 필요한 것이 바로 물입니다. 그렇다면 뿌리에서 흡수한 물을 어떻게 잎까지 운반할까요? 나무뿌리에서 흡수된 물이 중력을 거슬러 꼭대기까지 갈 수 있는 것은 증산작용 때문이랍니다. 증산작용이란 식물체 안의 물이 수증기로 변해서 잎에 있는 기공을 통해 공기 중으로 빠져나가는 현상을 말합니다. 마치 빨대로 물을 빨아올리듯이, 증산작용으로 잎에 있는 물이 수증기가 되어 빠져나가면서 물관을 통해 아래 있는 물이 위로 끌어올려집니다.

숲에 가면 10m가 훌쩍 넘는 키 큰 나무들이 있습니다. 세상에 존재하는 가장 큰 나무의 높이가 약 115m라고 해요. 이런 나무들도 증산작용을 통해 뿌리에서 잎으로 물을 끌어올린다고 하니 정말 놀랍습니다. 이렇게 힘들게 잎에 도달한 물은 광합성을 비롯해 생명을 유지하기 위한 다양한 활동에 사용된답니다. 이렇게 중요한 역할을 하는 잎을 더 자세히 관찰해 볼까요?

식물의 줄기를 자세히 보면 줄기 위에 잎들이 일정한 간격으로 배열된 것을 알 수 있습니다. 이처럼 잎이 배열되는 방식을 '잎차례'라고 합니다. 대표적인 잎차례로 마주나기, 어긋나기, 돌려나기 등이 있습니다. 마주나기는 1개의 마디에 2장의 잎이 마주 붙어 나는 경우를, 어긋나기는 1개의 마디에 1장씩의 잎이 어긋나게 붙는 경우를 말합니다. 돌려나기는 1개의 마디에 2개 이상의 잎이 나선형으로 배열되는 경우를 말해요.

잎을 관찰해서 잎차례에 따라 분류해 보세요. 아까시나무는 마주나기, 장미는 어긋나기, 쇠뜨기는 돌려나기 등 식물에 따라 다른 잎차례를 갖는 것을 쉽게 확인할 수 있습니다. 그런데 어긋나기를 하는 식물은 동일한 나무끼리는 어긋나는 각도가 일정하지만 나무마다 서로 다릅니다. 예를 들면 밤나무는 잎차례가 360도의 $\frac{1}{2}$인 180도씩 돌려 가며 어긋나기를 합니다. 보리수나무는 360도의 $\frac{1}{3}$인 120도씩 돌려 가며 어긋나기를 하지요. 이와 달리 상수리나무나 망초는 좀 복잡합니다. 상수리나무는 360도의 $\frac{2}{5}$인 144도씩, 망초는 360도의 $\frac{3}{8}$인 135도씩 돌려 가며 어긋나기를 합니다.

단체 사진을 찍을 때 가려지는 사람이 없도록 사이사이에 서는 것처럼, 식물도 햇빛을 잘 받기 위해서 사이사이로 어긋나기를 하는 거예요. 나무마다 어긋나기의 각도가 다른 것은, 나무의 높이와 주변 식물의 높이 등 환경에 따라 가장 햇빛을 많이 받을 수 있는 최고의 조건을 찾아낸 결과입니다. 나무의 전략이 정말 경이롭습니다.

그런데 여기서 나타나는 숫자도 예사롭지 않습니다. '피보나치수열'에 관해 들어 보았나요? 피보나치수열은 다음과 같이 0과 1로 시작하며, 이전 2개의 항을 더해서 다음 항을 만들어 가는 수열입니다.

$$0, 1, 1, 2, 3, 5, 8, 13, 21, 34, 55 \cdots\cdots.$$

다시 어긋나기의 각도를 살펴보겠습니다. 앞서 어긋나기 각도를 설명할 때 360도에 대한 비율도 함께 언급한 이유가 있습니다.

$$\frac{1}{2}, \frac{1}{3}, \frac{2}{5}, \frac{3}{8} \cdots\cdots.$$

잎차례와 피보나치수열의 연관성이 보이나요? 앞의 두 숫자에서 분모끼리 더하고 분자끼리 더하면 다음에 오는 숫자가 됩니다. 이 원리를 바탕으로 다음 숫자를 예측해 보면, $\frac{3}{8}$ 다음은

마주나기
어긋나기
돌려나기

$\frac{5}{13}$, $\frac{8}{21}$ 이 되겠지요?

　이처럼 식물의 잎차례가 피보나치수열을 따른다는 것을 발견한 식물학자들이 있습니다. 그들의 이름을 따서 이것을 '심퍼-브라운 법칙'이라고 합니다. 이렇게 식물 잎차례를 숫자로 나타내다 보면 세상에서 가장 아름다운 비율이라는 황금비(1.61764……)에 점점 가까워진답니다. 자연의 세계는 규칙성과 다양성으로 가득하다는 것을 다시 한번 느낄 수 있지요. 숲에서 만나는 식물을 잎차례에 따라 분류해 보고 그 아름다운 비율을 직접 구해 보세요.

광합성 공장은 잠깐 쉬어 갑니다

가을은 캠핑장에 뭉실뭉실 뭉게구름이 어여쁜 계절입니다. 가을이 깊어질수록 햇볕은 약해지고 일조시간도 줄어듭니다. 그러면 식물의 광합성량도 함께 줄어들겠지요. 그런데 계속 푸릇한 잎을 유지하려면 호흡을 하면서 에너지를 써야 하고 증산작용도 멈추지 않기 때문에 식물이 가지고 있던 물을 계속 잃게 됩니다. 광합성으로 양분을 얻는 이익보다 호흡으로 빼앗기는 에너지가 더 많아지면 식물은 적자를 보게 돼요.

　적자를 감수하면서 광합성 공장을 계속 돌릴 수는 없겠지요? 상황이 나아질 때까지 식물은 임시 휴업을 하기로 결정합니다. 휴업을 하려면 먼저 식물의 줄기에서 잎으로 가는 통로를 닫아야 합니다. 잎과 줄기의 연결 부분에 물과 영양분이 통하지 않는 층을 만드는데 이것을 '떨켜' 혹은 '이층'이라고 부릅니다.

　이층이 만들어지면 광합성으로 생성된 녹말이 줄기로 가지 못해 잎 안에 계속 쌓이고, 이로 인해 초록색 색소를 가진 화합물인 엽록소가 파괴됩니다. 이때 엽록소를 대신하는 새로운 색소가 만들어져요. 나뭇잎의 색을 붉게 물들이는 안토시아닌이라는 색소입니다. 혹은 평소라면 엽록소 때문에 보이지 않던 크산토필이나 카로틴 같은 색소가 나타나 잎이 노란색으로 보이게 됩니다. 단풍이 찾아오는 것이지요.

　단풍나무, 옻나무, 담쟁이덩굴은 붉은색으로, 은행나무, 상수리나무, 자작나무는 노란색으로 물이 듭니다. 감나무는 붉은색과 노란색이 섞인 오묘한 어여쁨을 선사합니다. 그런가 하면 너도밤나무와 느티나무는 탄닌 성분으로 인해 노란 갈색을 띠며 성숙하고 깊은 가을을 표현해 줍니다. 색소의 종류와 농도에 따라 식물의 잎이 다양한 색으로 변주되며 가을 숲을 아름답게 물들이는 진풍경을 관찰할 수 있습니다.

　늦가을에 접어들어 기온이 더 내려가면 이층에서 세포벽을 녹이는 효소가 분비됩니다. 그러면 이층이 녹으면서 잎이 가지에서 분리되어 떨어지는데, 그게 낙엽입니다. 낙엽이 지는 데도 순서가 있답니다. 식물의 성장을 촉진하는 호르몬은 가지의 끝부분에서 만들어집니다. 가지의 끝부분에서 점차 안쪽으로 전달되어 식물을 자라게 하지요. 따라서 겨울이 오면 이 성장호르몬의 공급이 끊기는 부분부터 잎이 떨어집니다. 가지 안쪽에 있는 잎이 가장 먼저 떨어지고 끝에 있는 잎은 가장 나중에 떨어지는 것이지요. 같은 원리를 적용하면 봄에 가장 먼저 잎이 돋는 부분을 예측할 수 있습니다. 겨울과 반대로 가지 끝부분부터 잎이 나고 점점 안쪽의 잎이 자라게 됩니다.

가을은 수확의 계절이기도 합니다. 감, 밤, 사과, 배, 머루, 호두, 대추 등 다양한 열매를 맛볼 수 있어요. 가을 숲에서 흔히 볼 수 있는 도토리는 참나무에 열리는 열매를 말합니다. 한국에 자생하는 참나무로는 떡갈나무, 신갈나무, 졸참나무, 굴참나무, 상수리나무, 갈참나무, 가시나무로 일곱 종류가 있어요. 먹을 것이 부족했던 과거에는 도토리로 가루를 내어 빵을 만들어 먹었다고 하는데, 그 증거로 암사동 선사 유적지에서 불에 탄 도토리가 발견되기도 했습니다. 지금은 도토리묵을 만들어 먹곤 하지요. 단풍도 구경하고 수확한 열매도 맛보고, 가을 숲의 산책로에는 즐길 거리가 넘쳐납니다.

진달래(왼쪽)와 철쭉(오른쪽)의 겨울눈.

피어날 봄을 기다리고 있어

아무리 추운 겨울이라도 캠핑을 건너뛸 수는 없겠지요? 겨울이 되면 나무 대부분이 잎을 떨구고 앙상한 모습으로 서 있어 볼거리가 다 사라진 것처럼 느껴집니다. 하지만 실제로는 그렇지 않답니다. 겨울나무를 유심히 바라보면 가지에 겨울눈이 달린 것을 관찰할 수 있습니다. 나무는 빠르면 늦봄부터 겨울눈을 만들어 두고 봄이 오기를 기다려요.

겨울눈은 봄이 오면 꽃과 잎으로 자라날 자리입니다. 추운 겨울 동안에는 앞으로 자라날 꽃과 잎을 그 안에 꽁꽁 싸매 숨겨 두지요. 훗날 꽃으로 자랄 겨울눈은 꽃눈, 잎으로 자랄 겨울눈은 잎눈이라고 부릅니다. 뾰족하게 생긴 것은 대부분 잎눈, 둥글게 생긴 것은 대부분 꽃눈인데, 꽃눈이 잎눈보다 큰 편이라 자세히 보면 구분이 가능합니다. 특히 나무마다 특색 있는 겨울눈을 가지고 있어서 겨울눈으로 나무를 구분하기도 좋아요.

여러분은 어떤 꽃이 가장 헷갈리나요? 진달래와 철쭉은 꽃이 비슷하게 생겨서 많은 사람이 혼동하는 꽃 중 하나입니다. 그러나 겨울눈은 확연히 다릅니다. 진달래는 하나의 가지에 여러 개의 겨울눈이 뭉친 모양으로 달려 있고, 철쭉은 큰 겨울눈이 하나만 달려 있습니다. 또 철쭉의 겨울눈은 부드러운 털로 덮여 있지요.

우리가 아는 목단과 작약도 꽃이 참 비슷하게 생겼습니다. 그래서 많은 사람이 목단과 작약을 잘 구분하지 못하지만, 알고 보면 목단은 나무이고 작약은 풀이랍니다. 그 둘을 가장 쉽게 구별할 수 있는 계절 역시 겨울입니다. 목단은 나무라서 가지에 겨울눈을 만들고 내년을 준비합니다. 그러나 작약은 풀이어서 겨울눈이 없습니다. 겨울엔 뿌리만 남고 모두 사라지지요.

겨울도 잘 찾아보면 이렇게 신기하고 재미난 볼거리를 많이 가지고 있답니다. 화려한 꽃과 무성한 잎에 가려 보이지 않던

나무의 작은 조직을 더 자세히 관찰할 수 있는 멋진 기회의 계절입니다. 그러고 보니 캠핑장은 사계절 내내, 산책하며 볼거리를 풍성하게 제공하는군요. 언제 산책로를 걸어도 후회가 없겠습니다.

곤충

나방이 불빛에 빠져드는 이유

숲이라고 하면 울창하게 우거진 키 큰 나무들, 무성한 수풀, 가지각색의 꽃 등 식물의 서식지라는 이미지가 익숙할 거예요. 하지만 숲은 꽃과 나무만큼이나 다양한 생물들이 살아가는 공간입니다. 잘 보이지는 않지만 저 멀리 새가 지저귀는 소리나 풀벌레가 노래하는 소리는 크고 작은 생명체들이 숲의 일원임을 알려 주지요. 그중에서도 캠핑장 주변 숲속에 살고 있는 곤충들을 만나 볼 거예요. 아름다운 날개를 가진 나비부터 여름 내내 울어 대는 매미, 지구 생태계에 꼭 필요한 꿀벌까지! 캠핑장 숲속에 어떤 곤충들이 있는지 알아볼까요?

숲속에 사는 생물들

한대기후와 온대기후가 만나는 한국은 생물 서식지를 다양하게 제공하기 때문에 국토의 크기가 작은 데 비해 많은 종류의 생물이 살고 있습니다. 그래서 각각의 환경조건에 어울리는 식물과 동물, 곤충 들을 볼 수 있어요. 또한 낙엽을 분해하는 등 우리 눈에 보이지는 않지만 숲에 이로운 활동을 하는 미생물도 함께 살아가고 있습니다. 굳이 멀리 갈 필요 없이, 가까운 숲에만 가도 이 다양한 생물들을 만날 수 있습니다.

이렇게 숲은 각종 생물이 상호작용하며 공존하는 건강한 생태계를 만듭니다. 숲의 생물 다양성을 유지하는 데 중요한 역할을 하는 생물이 바로 곤충이에요. 곤충은 식물의 수분을 돕고, 죽은 유기물을 분해하며, 다른 동물의 먹이가 됩니다.

지구상에서 그 종과 수가 가장 많은 생물은 무엇일까요? 지구에는 곤충이 약 120만 종 이상 존재하고, 이는 모든 생물 종의 약 50%를 차지합니다. 곤충은 약 3억 5천만 년 전 고생대 중기에 출현해 지금까지 진화를 거듭하며 생존하고 있어요. 특히 고생대에는 곤충의 크기가 지금보다 훨씬 컸다고 합니다. 대표적으로 메가네우라는 현재의 잠자리와 유사한 거대 곤충이 있었는데, 날개의 크기가 무려 70cm 정도였다고 해요. 중형견만 한

메뚜기는 몸통이 머리, 가슴, 배의 세 마디로 구분되는 곤충의 특징을 가지고 있다.

잠자리라니, 상상이 가나요?

곤충은 몸이 마디로 구분되는 동물을 뜻합니다. 거미, 게, 새우와 함께 절지동물에 속하지만 그들과 구별되는 특징이 있습니다. 대표적 특징으로는 몸통이 머리, 가슴, 배 세 부분으로 구분된다는 것이에요. 곤충의 머리에는 눈, 더듬이, 입 등이 있는데, 눈은 복잡한 구조의 겹눈으로 이루어져 있습니다. 한 쌍의 더듬이는 감각기관으로 기능합니다. 가슴에는 6개의 다리와 두 쌍의 날개가 있습니다. 곤충의 몸에서 배는 소화, 생식 등 중요한 기능을 담당하는 기관이 위치한 곳입니다. 또한 곤충은 입으로 호흡하지 하지 않고, 배와 가슴에 난 기문으로 산소와 이산화탄소를 교환한다는 특징을 갖습니다.

나방은 왜 불빛만 보면 쫓아갈까?

캠핑장 주변에서 우리는 꽃을 찾아 우아하게 날아다니는 나비를 볼 수 있습니다. 나비는 특유의 아름다운 날개를 가지고 있어 많은 사람의 사랑을 받는 곤충이에요. 나비의 반짝이는 날개에는 아주 고운 가루가 층층이 쌓여 있습니다. 이 가루를 인분이라고 하는데, 이 인분에 빛이 반사되면 반사된 빛들이 서로 간섭해 아름다운 색을 띠게 됩니다. 날개의 움직임에 따라 색이 달라지는 것도 그 인분이 빛의 영향을 받기 때문이에요. 나비를 손으로 잡으면 인분이 묻어나지만, 가루 자체에 색이 있는 것은 아니기 때문에 알록달록한 가루를 볼 수는 없습니다.

나비는 미각이 뛰어난 곤충으로도 잘 알려져 있습니다. 특히 암컷 나비는 단맛을 감지하는 기관이 입뿐만 아니라, 다리에도 달려 있어요. 나비는 이 미각기관을 이용해 알 낳을 장소를 찾습니다. 알에서 부화한 애벌레가 잘 먹을 수 있는 잎을 다리의 미각기관으로 미리 맛보고 거기에 알을 낳을지 말지를 결정합니

다. 그러니 나비가 잎 위에 앉아 있을 때 잠시 쉬어가는 중이라고 생각한다면 오해일 수 있어요. 얼마나 맛좋은 잎인지 감별하는 중인지도 몰라요.

곤충 무리 중에서 딱정벌레목 다음으로, 즉 두 번째로 큰 무리가 나비랍니다. 나비목에는 나방도 포함되는데, 종수로 보면 나비는 나방의 $\frac{1}{10}$정도밖에 되지 않습니다. 서로 비슷해 보이는 나비와 나방의 가장 큰 차이는 활동 시간이에요. 나비는 주로 낮에 활동하는 반면, 나방은 밤에 활동하며 낮에는 나무껍질이나 바위틈에 숨어 있습니다.

외양의 차이로 구분하는 방법도 있습니다. 나비는 앉을 때 날개를 수직으로 접지만, 나방은 날개를 펴고 있어요. 또 나방은 눈에 띄지 않게 회색이나 갈색의 보호색을 가진 경우가 많습니다. 곤봉 모양의 더듬이에 날씬한 몸을 가진 나비와 달리, 나방은 빗살 모양, 혹은 실 모양의 더듬이에 통통한 몸을 가지고 있지요. 자, 이제 나방과 나비를 구분할 수 있겠지요?

그런데 숲속 캠핑장에 출몰하는 곤충 중에는 나비로 착각하기 쉬운 나방이 있습니다. 손바닥 크기의 옥색긴꼬리산누에나방인데요. 옥색의 아름다운 날개를 가지고 있어 눈에 잘 띕니다. 아마 캠핑장에서 본다면 가장 기억에 남을 거예요. 밝은 색깔 때문에 나비라는 오해를 종종 받지만, 자세히 관찰해 보면 빗살무

옥색긴꼬리산누에나방은 깊은 산속에 주로 서식하는 나방으로, 적갈색의 애벌레가 성장하며 초록색을 띠게 된다.

늬의 더듬이를 지닌 나방임을 확인할 수 있습니다. 옥색긴꼬리산누에나방은 성충이 되자마자 입이 퇴화해 아무것도 먹을 수 없답니다. 그래서 애벌레일 때 비축해 둔 영양분으로 일주일 정도 살다가 알을 낳고 이내 죽습니다.

여름밤 캠핑장 주변에는 다양한 곤충들이 불빛을 따라 모여듭니다. 불빛에 모인 곤충들은 불규칙한 방향으로 날아다닙니다. 이러한 현상을 두고 과학자들의 해석이 분분했어요. 어떤 과학자는 곤충이 본능적으로 밝은 빛을 쫓는다고 했고, 또 다른 과

학자는 불빛으로 인해 방향감각을 잃어 이리저리 배회하는 것이라고 주장했지요. 하지만 최근 연구에 따르면 곤충들은 달이나 태양 빛이 있는 곳이 위쪽이라고 생각해 빛을 등진 채 날아다닙니다. 이것을 '배광반응'이라고 해요. 밤에는 불빛이 있는 방향이 위쪽이라고 생각하기 때문에 빛을 등지기 위해 비행 경로와 자세를 바꾸는 것이지요. 그러다 보니 불빛 아래에서 불규칙하게 비행하거나 빙빙 돌고, 심지어 땅에 떨어지기도 합니다.

전구와 반딧불이의 차이점은?

"맴 맴 맴 맴……." 한여름 캠핑장 해먹에 누워 있으면 매미 울음소리가 더위를 날려 주는 듯하지만, 한밤중에도 우렁찬 소리로 울어 대면 곤란합니다. 우리의 잠을 설치게 하는 주범이지요. 그런데 매미를 한데 엮어 비난하기에는 암컷 매미가 조금 억울한 면이 있습니다. 암컷은 가만히 있고 수컷이 우는 것이기 때문입니다. 수컷이 암컷 매미에게 구애의 노래를 부르는 거예요. 우리에게는 소음이지만 매미들에게는 생존의 방법이라고 할 수 있지요.

매미는 입이 아닌 배 쪽에서 소리를 냅니다. 매미의 날개 아랫부분에는 V자 모양을 한 진동막이 있는데, 이 근육을 움직여 소리를 냅니다. 사람으로 치면 성대에 해당하는 기관이지요. 1초에 300번 이상 근육을 빠르게 움직여 소리를 내고, 그 소리가 배의 빈 공간에서 공명을 일으키면서 더 커집니다.

매미는 보통 5~6년을 살고, 길게는 17년까지 살기도 합니다. 하지만 알에서 애벌레가 된 후로는 5년 정도 긴 시간을 땅속에서 지냅니다. 땅속 생활을 마치고 드디어 땅 위로 올라온, 우리가 보는 날개를 단 매미는 2~3주밖에 살지 못합니다. 그 짧은 기간 동안 자손을 남기기 위해 암컷 매미를 찾으려고 큰 소리로 울어 대는 것이지요.

여름밤, 저녁을 먹고 어둠이 내린 캠핑장 숲을 걷다 보면 특별한 순간을 만날 수 있습니다. 바로 매미 유충이 땅속에서 나와 허물을 벗고 성충이 되어 가는 순간입니다. 곤충이 유충이나 번데기에서 탈피해 성충이 되는 과정을 '우화'라고 합니다. 매미가 허물을 벗는 1~2시간가량의 우화 과정을 지켜본다면 아마 생명의 신비로움과 아름다움을 느낄 수 있을 거예요. 이때 주의할 점이 있습니다. 매미가 우화할 때는 절대로 만지면 안 된다는 점이에요. 날개가 채 마르지 않았기 때문에 모양이 변형될 수 있거든요.

매미와 함께 숲속에서 만날 수 있는 특별한 곤충이 또 있습니다. '형설지공(螢雪之功)'이라는 고사성어를 들어 본 적 있나요? 이

곤충

때 '螢'은 반딧불이를 가리킵니다. 중국 진나라의 학자 차윤은 밤에 불을 켤 기름을 살 돈이 없을 정도로 집안이 가난했습니다. 그래서 여름이 되면 수십 마리의 반딧불이를 주머니에 넣어 그 빛으로 밤새워 공부를 했다고 해요. 역시 집안 사정이 어려웠던 손강이라는 학자는 눈에 반사된 달빛으로 공부에 매진했고요. 이렇듯 성실한 노력 끝에 성공한 사람들을 가리킬 때 형설지공이라는 고사성어를 사용합니다.

반딧불이는 꼬리에서 빛을 냅니다. 반딧불이가 배의 끝에서 빛을 내보내는 이유는 매미가 우는 이유와 비슷합니다. 짝을 찾기 위한 신호거든요. 반딧불이의 몸에는 루시페린이라는 화학물질과 루시페레이스라는 효소가 들어 있습니다. 반딧불이가 내뿜는 빛은 루시페린이라는 화학물질이 산소와 결합해 활성 루시페린으로 변화하며 만들어집니다. 이때 루시페레이스는 루시페린이 산소와 결합하는 과정에서 산화될 수 있도록 도와주지요. 집에서 사용하는 전구는 빛을 내면 뜨거워지지만 반딧불이가 내는 빛은 열에너지를 거의 가지고 있지 않습니다. 열에너지가 빛에너지로 전환되는 형태가 아니라, 화학적 반응의 결과로 화학에너지가 빛에너지로 전환되는 생물발광 현상이기 때문입니다.

6월부터 8월까지 반딧불이가 서식하는 캠핑장에 가면 빛을

내며 날아다니는 반딧불이를 볼 수 있습니다. 국내에서 가장 많은 수의 반딧불이가 서식하는 무주군 설천면은 천연기념물 322호로 지정되어 보호를 받고 있답니다.

꿀벌을 지켜 줘

캠핑장 주변에 피어 있는 꽃을 보면 벌이나 나비 등 곤충이 앉아 있는 모습을 흔히 볼 수 있어요. 이들은 꽃에서 꿀을 빨아 먹기도 하지만, 동시에 식물들의 수정을 돕는 중이랍니다. 식물들은 대부분 곤충의 도움으로 번식합니다. 이러한 꽃을 '충매화'라고 합니다. 꿀벌, 나비, 잠자리 등이 식물의 수정을 돕는 대표적인 곤충이지요. 특히 꿀벌은 식물의 수정을 70% 이상 담당하고 있습니다.

매년 5월 20일은 '세계 벌의 날'입니다. 벌의 중요성을 널리 알리고 멸종 위기로부터 벌을 보호하자는 취지로 만들어진 날이에요. 최근 들어 벌의 개체 수가 급격히 감소하고 있다는 사실을 알고 있나요? 특히 꿀벌이 감소하는 속도는 더욱 빨라지고 있어요. 농림축산식품부에 따르면 2022년 한국에서 사라지거나 폐사한 꿀벌은 78억~80억 마리에 달합니다. 세계적으로 보아도, 지난 10년 동안 미국에서는 40%, 유럽에서는 25%가 감소했다고 해요. 기후변화, 살충제 사용, 바이러스 질병 등 여러 요인이 감소의 원인으로 지목되지만, 그중에서도 기후변화가 미치는 영향이 심각합니다. 기온 상승과 강수량 변화로 인해 꽃의 개화 시기와 꿀벌의 활동 시기도 달라지고 있어요.

꿀벌의 개체 수가 줄어드는 것도 문제지만, 문제는 이것만이 아닙니다. 식물 수정의 70% 이상을 담당하는 꿀벌이 사라지면 결국 식물도 번식하지 못하기 때문이에요. 벌꿀 1g을 만들기 위해 꿀벌은 약 8천 송이의 꽃을 이동하며 꿀을 모읍니다. 벌들이 꽃과 꽃 사이를 날아다니는 덕분에 식물은 열매를 맺을 수 있어요. 그렇다면 꿀벌이 인간에게 미치는 영향은 어떨까요? 인류 전체 식량 자원의 $\frac{1}{3}$이 꿀벌에 직간접적으로 의존하고 있습니다. 따라서 꿀벌이 멸종하면 지구 생태계에 큰 혼란이 올 뿐만 아니라 인류에게도 큰 식량 위기로 다가올 수 있다고 과학자들은 경고하고 있어요.

이렇듯 중요한 역할을 하는 꿀벌의 개체 수를 늘리기 위해서 국내에서는 독성 농약의 사용을 금지하고, 밀원 숲을 조성하는 등의 노력을 하고 있습니다. 이때 밀원 혹은 밀원 식물이란 꽃과 꽃가루를 통해 꿀벌에게 꿀을 제공하는 식물을 말해요. 여러분도 꿀을 모으고 있는 꿀벌을 본다면 잡거나 건드리지 말고, 멀리

서 지켜만 봐 주세요.

생태계를 보호하기 위해서도 꿀벌을 건드리지 않아야 하지만, 건강을 위해서라도 벌 가까이에 가지 않는 것이 좋습니다. 벌에 쏘이면 가볍게는 쏘인 부위가 부어오르고, 심각한 경우 생명에 지장이 생길 수도 있거든요. 이런 상황을 막으려면 야외 활동을 할 때 벌을 자극할 수 있는 강한 향수나 화장품 사용을 자제하고, 단맛이 나는 탄산음료나 주스 등을 피하는 것이 좋습니다.

자, 이제 숲속에 사는 곤충들에 대해 잘 알게 되었나요? 숲속에서 곤충들을 만나면 캠핑이 더욱 즐겁게 느껴질 거예요.

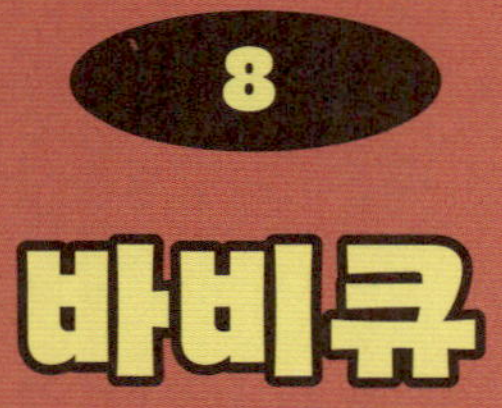

8

바비큐

숯불이 만드는
환상의 감칠맛

캠핑장의 자연을 즐기고 나면 슬슬 저녁 식사 시간이 찾아옵니다. 야외에서 해 먹는 음식은 뭐든지 맛있지만 미리 계획한 만큼 더 알찬 식도락을 즐길 수 있어요. 맛뿐만 아니라 영양가 있는 식단도 빼놓을 수 없겠지요? 우리 몸에 꼭 필요한 영양소부터 과학적이고 맛있는 조리법까지 두루 고려해 캠핑에 챙겨 갈 식재료를 골라 봅시다. 아 참, 식재료는 사람 수에 맞게 먹을 만큼만, 조리 도구는 야외에서 사용하기 알맞은 것으로 가져가기로 해요. 마지막으로 추천 메뉴까지 꼼꼼히 알아 간다면 언제라도 맛난 요리를 할 수 있을 거예요. 그럼 캠핑 요리의 과학 속으로 들어가 볼까요?

탄수화물을 먹으면 살이 찐다?

맛있는 음식은 캠핑에서 빼놓을 수 없는 재미입니다. 음식을 먹는 것만큼이나 준비해 간 캠핑용 조리 도구로 나와 사랑하는 사람들을 위해 요리하는 재미 역시 쏠쏠해요. 그러니 아무거나 만들어 먹을 수는 없겠지요? 맛과 건강을 모두 잡기 위해서는 필수 영양소를 고려한 균형 잡힌 식사가 필요합니다. 어떤 영양소가 필요한지 알아볼까요?

음식 만들기의 기본은 영양소가 골고루 들어간 균형 잡힌 식단인지 확인하는 것이에요. 어떤 영양소가 필요할까요? 우리 몸에서 에너지원으로 쓰이는 영양소로는 탄수화물, 단백질, 지방이 있습니다. 특히 탄수화물은 심장을 뛰게 하고 숨을 쉬며 두뇌 활동을 하는 데 가장 중요한 에너지 공급원이지요. 그런데 탄수화물은 많이 섭취할 경우 살이 찌고 건강에 좋지 않다는 인식이 널리 퍼져 있습니다. 이유가 무엇일까요?

일반적으로 탄수화물이 나쁘다는 인식은 정제 탄수화물 때문입니다. 정제 탄수화물의 대표 주자인 밀가루는 밀의 배아와 껍질 등을 제거하는 과정을 거쳐 만들어집니다. 포도당, 과당, 설탕 등의 성분으로 이루어져 있어 밀가루로 만든 빵, 면, 과자는 입에 넣자마자 단맛을 느끼게 되지요. 또 소화와 흡수도 빨리 이

루어지기 때문에 비만으로 가게 하는 주범이기도 해요.

이러한 정제 탄수화물을 섭취하면 혈당이 갑자기 증가하는데, 증가한 혈당을 조절하기 위해 췌장에서는 인슐린이라는 호르몬을 급격하게 분비합니다. 그러면 또다시 혈당이 급속하게 감소하기 때문에 배고픔을 느끼고 식욕이 돌아 과식으로 이어질 수 있어요. 따라서 정제 탄수화물 대신 좋은 탄수화물을 공급해 주는 현미, 통밀, 귀리 등 통곡류를 적절하게 먹는 것이 좋겠지요?

마라탕, 양념치킨, 탕후루, 떡볶이……. 상상만으로도 군침이 돌지만 간이 세고 칼로리가 높은 음식이기도 합니다. 이렇게 기름지고 자극적인 것을 즐겨 먹는 식습관이 오래 지속되면 체내 콜레스테롤 수치가 증가합니다. 이상지질혈증에 대해 들어 보았나요? 최근의 연구에 따르면 국내 청소년 10명 중 3명이 가지고 있는 흔한 질병이라고 해요. 혈액 속에 지질 또는 지방 성분이 과다하게 높아진 상태를 말합니다.

이상지질혈증을 예방하고 체내 콜레스테롤 수치를 낮추려면 나쁜 지방 대신 좋은 지방을 섭취해야 합니다. 즉 동물성 지방인 포화지방산과 트랜스지방 함량이 높거나 당류가 많은 음식을 피하고 불포화지방산 함량이 높은 참기름, 들기름, 견과류, 씨앗 등 식물성 지방과 친해지는 것이 좋아요. 특히 고등어, 꽁치, 연

어, 참치 같은 등 푸른 생선에는 오메가-3 지방산인 EPA, DHA
가 풍부해 콜레스테롤을 낮출 뿐만 아니라 기억력과 학습 능력
향상에도 도움을 줍니다.

단백질은 근육을 만들고 피부, 손톱, 모발 등의 결합조직을 구
성하며 호르몬, 항체, 효소를 생성하는 데도 필요한 성분입니다.
살코기, 생선, 달걀, 두부에 많이 들어 있어요. 탄수화물과 지방
의 섭취가 부족할 때 이 단백질이 분해되어 에너지원으로 사용
되기도 합니다.

단백질은 '아미노산'이 주요 구성 요소입니다. 모든 생명체는
동일하게 20개의 아미노산을 가지고 있어요. 단백질 합성에는
20개의 아미노산이 모두 필요하기 때문에 만약 한 가지라도 결
핍되거나 공급이 부족하면 이상이 생깁니다. 아미노산 중에는
몸에서 합성될 수 없거나 합성되더라도 그 양이 매우 적어 반드
시 음식을 통해 섭취해야 하는 '필수아미노산' 9종이 있습니다.

필수아미노산이 풍부한 식재료는 무엇이 있을까요? 단백질이
풍부하기로 유명한 콩에는 필수아미노산인 메티오닌이 부족합
니다. 반면 소고기·돼지고기 등 동물성 단백질에는 9종의 필수
아미노산이 모두 들어 있어요. 같은 양의 단백질을 먹을 때 소고
기의 단백질이 콩 단백질보다 근육과 호르몬 등을 더 잘 만드는
이유랍니다.

잘 먹겠습니다!
탄수화물
단백질
지방

각각의 영양소를 잘 포함한 식재료를 골고루 섭취하는 것도 중요하지만 그게 전부는 아니에요. 같은 식재료라도 어떻게 요리하느냐에 따라 우리가 얻게 되는 영양소와 건강에 미치는 영향, 그리고 맛까지 천차만별이거든요.

알루미늄포일로 고구마와 옥수수를 싸서 모닥불 속에 파묻어둔 채 사람들과 이야기꽃을 피우다 보면 어느새 향기가 솔솔 풍겨 와 코끝을 자극할 거예요. 탄수화물이 많은 음식은 어떻게 조리하는 게 좋을까요? 굽거나 찌거나 삶을 때 각각 그 조리법에 따라 칼로리와 혈당 상승 정도인 글리세믹 지수(GI), 탄수화물의 함량이 달라진다는 사실을 알고 있나요?

탄수화물에는 당류, 전분, 식이섬유가 모두 포함되는데 당류와 전분은 탄수화물 1g당 4kcal의 에너지를 내며 혈당을 상승시켜요. 반면 식이섬유는 1g당 1.5~2.5kcal 에너지로 혈당을 억제하지요. 탄수화물은 어떻게 조리하느냐에 따라 입자 포화도가 달라지고, 따라서 혈당 지수 또한 변화합니다. 100g 기준 고구마를 조리법에 따라 비교해 볼까요? 생고구마, 삶은 고구마, 군고구마의 칼로리는 각각 111, 114, 141kcal이고 글리세믹 지수는 55, 70, 90입니다. 힘을 내서 근력 운동을 해야 한다면 구운 탄수

화물을 먹어서 에너지를 몸에 빠르게 저장하고, 운동 후에는 회복을 위해 삶는 조리법으로 음식이 천천히 흡수될 수 있도록 하는 것이 효과적인 전략이에요.

그렇다면 단백질이 풍부한 고기는 어떻게 조리하는 것이 맛있을까요? 육류는 가열하면 근육 단백질이 수축하면서 질겨지지만 결합조직은 부드러워지는 변화가 나타납니다. 안심이나 등심은 근육 단백질이 많기 때문에 높은 온도에서 오래 가열할수록 더 많이 수축하면서 질겨져요. 빠른 시간 안에 굽는 것이 관건이지요. 반면 양지머리나 사태 부위는 결합조직이 많아서 낮은 온도에서 장시간 끓일수록 조직이 연해지고 단백질이 충분히 우러나오면서 국물 맛이 좋아집니다.

고기를 조리하는 여러 방법 중에 숯불 구이는 특히 인기 있는 조리법 중 하나입니다. 숯불로 고기를 구우면 유독 맛있는 이유는 무엇일까요? 바로 숯불에서 나오는 복사열, 적외선, 재, 연기 때문입니다. 고기가 복사열을 내뿜는 숯불의 강한 화력을 직접 받으면 주요 성분인 단백질과 지방이 녹아 고기 표면에 얇은 막을 형성합니다. 이 막이 고기 속 수분이 밖으로 빠져나가지 못하게 가두어 주면서 육즙이 살아 있는 맛있는 요리가 탄생합니다. 또한 숯불은 가스 불에 비해 약 4배의 적외선을 만들어 냅니다. 파장이 긴 적외선은 고기를 태우지 않고 고기의 겉과 속을 동시에 익혀 주는 역할을 해요. 육즙의 손실을 막고 고기의 식감을 좋게 만들지요.

한편 재도 고기 맛에 큰 영향을 미칩니다. 숯불을 피울 때 나오는 재에는 열에도 증발하지 않은 철, 칼륨, 마그네슘 등이 남아 있어요. 이중 재의 칼륨 성분이 고기 지방에 함유된 지방산을 중화시켜 고기의 누린내를 없애 주기 때문에 자연 조미료의 역할을 한답니다.

이때 연기는 숯의 성분뿐만 아니라 다른 것들도 함유하고 있어요. 고온으로 타오르는 불 위에 위아래가 뚫린 그릴로 고기를 구우면, 고기에서 빠져나온 육즙이 아래로 떨어졌다가 뜨거운 열기에 다시 기화되어 연기로 올라오게 됩니다. 당분, 지방, 아미노산 등이 함유된 이 연기는 다시 익어 가는 식재료의 겉에 달라붙어 향과 맛을 입힙니다. 고깃집에 다녀오면 옷에 냄새가 배는 것과 같은 원리이지요. 특히 지방은 이러한 향과 맛을 흡수하는 능력이 뛰어나기 때문에 바비큐 전에 먼저 고기에 기름을 바르고 밑간을 해 두면 연기로 인해 맛이 더 좋아질 거예요.

마지막으로 고기를 잘 구우려면 불 조절이 필수입니다. 불이 셀수록 고기 굽기에 제격으로 보여도, 활활 타는 불 위에 고기를 바로 올리는 것은 금물이에요. 센 불에 직접 고기를 구우면 겉만 타고 육즙은 모두 빠져나가 버리거든요. 숯불이 타오른 뒤 10분

정도 인내심을 갖고 기다려야 해요. 불이 사그라지고 숯이 붉은 빛을 머금었을 때 고기를 구우면 복사열의 예술이 펼쳐집니다.

캠핑은 행복한 노동이자 즐거운 고생입니다. 불 피우기가 귀찮고 시간이 오래 걸리더라도 가스 불 대신 장작과 숯에 불을 붙여 고기를 맛있게 구워 먹어 보세요!

보온력엔 자유전자

캠핑에서 자주 사용하는 조리 도구들은 금속 재료라는 특징이 있습니다. 금속은 열을 잘 전달하는 특징 때문에 오랫동안 조리 도구로 사용되어 왔어요. 금속이 열을 잘 전달하는 이유는 '금속 결합'과 관련이 있습니다.

금속 원자가 가진 전자들 중 바깥 궤도에 있는 전자들은 쉽게 떨어져 나와 원자들 사이를 자유롭게 움직이는데 이를 자유전자라고 합니다. 전자들이 움직이면서 열에너지를 주변으로 전달해 주는 매개체 역할을 하기 때문에 열을 잘 전달할 수 있습니다. 이때 자유전자가 빠져나간 금속 원자는 양이온을 띠게 됩니다. 자유전자는 음전하를 띠며 금속 원자 사이를 돌아다니면서 전자기력을 촘촘히 형성해 금속 원자들을 단단하게 결합시킵니

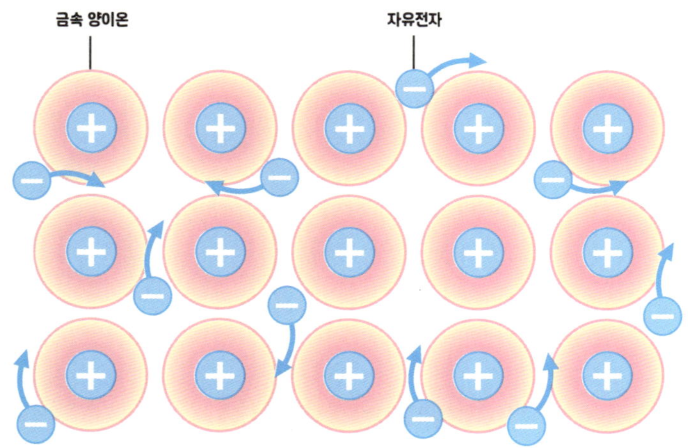

〈금속의 화학결합〉
안정된 원자 집합체에서 나타나는 원자 사이의 결합을 화학결합이라고 한다. 이온결합,
공유결합, 금속결합, 수소결합 등이 대표적이다.

다. 그래서 금속은 쉽게 녹지 않고 끊어지지 않는 물리적 특성을 갖게 되지요. 이처럼 금속의 양이온과 음전하를 띤 자유전자 사이의 결합을 금속결합이라고 합니다. 금속이 특유의 높은 강도, 연성, 광택, 전기 전도성과 열 전도성 등의 성질을 갖는 것은 이러한 원리 때문입니다.

하지만 금속이라고 해서 모두 다 열전도율, 즉 열을 전달하는 정도가 우수한 것은 아닙니다. 캠핑 조리 도구에 자주 쓰이는 금속들의 열전도율을 살펴보면 알루미늄이 가장 높은 편이고, 그

다음으로 무쇠, 티타늄, 스테인리스 순이에요. 프라이팬 바닥은 음식이 골고루 익을 수 있도록 열전도율이 높은 금속으로 만들어요. 하지만 주전자나 코펠의 손잡이, 국자, 주걱, 집게, 수저 등은 화상의 위험이 있으므로 열전도율이 낮은 소재여야 합니다.

알루미늄은 내구성이 좋지 않아 용기가 잘 찌그러지긴 해도 무게가 가볍고 열이 빨리 전달되어 연료를 아낄 수 있습니다. 빨리 달궈지는 알루미늄 양은 냄비에 라면을 끓여 보면 더 쫄깃한 면발을 즐길 수 있지요. 또 티타늄은 무게가 가장 가볍고 강도는 아주 강하면서 열전도율이 낮은 소재입니다. 쉽게 부식되지 않고 내구성이 뛰어나 캠핑 환경에 매우 유리하지요.

금속 소재의 도구만큼이나 요리를 무척 편리하게 만들어 주는 조리 도구들이 있습니다. 바로 가위, 병따개, 집게 삼총사입니다. 이들의 공통점은 무엇일까요? 모양은 다르지만 모두 지렛대원리를 이용한다는 점이에요. 지레는 적은 힘을 들여 더 큰 힘을 내고자 할 때 사용하는 도구입니다. 사람이 힘을 주는 힘점과 지레를 받쳐 주는 받침점, 물체에 힘이 작용하는 작용점으로 이루어져요. 힘점에 힘을 주면 힘이 받침점을 딛고 작용점에 있는 물체를 들어 올리는 원리입니다.

지레의 종류에 따라 받침점과 힘점, 작용점의 위치가 달라집니다. 1종 지레는 받침점이 힘점과 작용점 사이에 있는 지레로 가위와 펜치가 있습니다. 움직이는 거리가 길어지는 대신 힘이 적게 들고 힘의 방향을 바꿀 수 있습니다. 작용점이 받침점과 힘점 사이에 있으면 2종 지레입니다. 병따개를 이용해 손쉽게 병의 뚜껑을 따는 것처럼, 원래 물체의 무게보다 작은 힘으로 물체를 들어 올릴 수 있어요. 힘을 작용한 거리가 물체가 올라간 높이보다 긴 것이 특징이지요.

받침점에서 작용점까지의 길이가 받침점에서 힘점 사이의 길이보다 길면 3종 지레로 집게, 젓가락, 낚싯대 등이 있습니다. 물체의 무게보다 큰 힘으로 물체를 들어 올려 정교한 작업을 할 수 있고, 힘을 작용한 거리가 물체가 올라간 높이보다 짧은 것이 특징이지요. 종합하면, 지렛대원리로 작용점에서 받침점까지의 거리가 짧을수록, 힘점에서 받침점까지의 거리가 길수록 작은 힘으로 무거운 물체를 쉽게 들어 올릴 수 있습니다.

비가 오면 부침개가 생각나

노르스름한 색깔, 고소한 향기, 바사삭 으깨지는 소리. 오감을 자극하는 튀김은 특히 우중 캠핑에서 빼놓을 수 없는 간식입니다. 튀김의 매력 중 하나는 '겉바속촉(겉은 바삭하고 속은 촉촉한)' 식

감이지요. 이 겉바속촉에도 과학이 숨어 있습니다.

튀김이 튀겨지는 모습을 본 적 있나요? 뜨거운 기름에 튀김 재료를 넣으면 맛있는 소리와 함께 보글보글 올라오는 기포를 관찰할 수 있지요. 이 기포들은 튀김옷에 있던 수분이 증발하면서 발생합니다. 튀김옷 속 수분이 높은 온도로 인해 기화되면 튀김옷 곳곳에 구멍이 뚫립니다. 마치 스펀지처럼 구멍이 난 이 입체구조를 '다공질 구조'라고 합니다. 다공질 구조의 특징 중 하나는 쉽게 붕괴된다는 점이에요. 튀김을 입에 넣고 씹었을 때 바삭거리는 식감을 즐길 수 있는 이유도 바로 이 다공질 구조가 부서지기 때문입니다.

맛있는 튀김의 생명인 얇고 바삭한 튀김옷의 비법은 글루텐을 줄이는 것에 있습니다. 글루텐은 밀가루에 들어 있는 글리아딘과 글루테닌이 물과 섞이며 생기는 덩어리입니다. 점성을 가지고 있기 때문에 글루텐이 너무 많으면 반죽이 두껍고 쫀득해져요. 따라서 바삭함이 생명인 튀김 반죽을 만들 때는 글루텐 생성을 최소화하는 것이 중요합니다. 차가운 얼음물을 사용하거나, 반죽을 섞을 때 마구 젓지 않고 누르는 느낌으로 섞어 주면 글루텐 생성을 줄일 수 있어요. 반죽에 탄산수나 맥주를 넣기도 하는데, 탄산수에 녹아 있는 이산화탄소가 튀김옷을 바삭하게 만들어 주고 맥주의 효모는 반죽의 숙성을 도와 튀김옷이 쉽게 벗겨지지 않도록 도와줍니다.

반죽이 잘 되었다면 이제 적당한 기름을 골라 봅시다. 사용하는 기름의 종류마다 발연점이 다르기 때문에, 조리하는 음식에 따라 알맞은 기름을 사용하는 것이 중요해요. 발연점은 연기가 지속적으로 피어오르는 온도를 말합니다. 기름이 타기 시작하고, 조리하는 식품에서 탄 맛이 나며, 기름의 영양소가 파괴되는 온도이지요. 발연점을 고려해 튀김의 용도에 적합한 식용유를 잘 알고 사용해야 합니다.

튀김 중에서도 부침개는 특히 비 오는 날이면 생각나는 메뉴입니다. 비가 오면 기압이 낮아지고 습도는 높아집니다. 이러한 환경에서는 혈당이 평소보다 떨어지는데, 그러면 우리 몸은 혈당을 올리기 위해 열량을 더 필요로 합니다. 배가 고파서 음식을 찾는다기보다 열량을 보충하기 위해 탄수화물이 풍부한 밀가루 음식이 생각나는 것이지요.

고소한 기름 냄새와 함께 지글지글 소리를 내며 익어 가는 부침개는 오감을 자극하는 데 그치지 않고 우울한 기분을 전환해 주는 역할도 합니다. 세로토닌과 멜라토닌은 우울증에 관여하는 호르몬이에요. 우리 몸은 낮에 활동할 때 분비되는 세로토닌과 밤에 잘 때 분비되는 멜라토닌이 균형을 이루며 감정을 조절합니다. 비가 와서 일조량이 줄면 세로토닌 분비가 줄어 우울감이

나 식욕이 커집니다. 밀가루는 필수아미노산인 트립토판을 함유하는데, 이 물질이 두뇌로 전달되면 세로토닌 분비가 촉진됩니다. 그러니 밀가루 음식은 우울한 기분을 해소하고 긴장감과 스트레스를 푸는 데 어느 정도 도움이 된다고 할 수 있어요. 우울할 땐 맛있는 캠핑 요리로 축 처진 기분을 끌어올려 보자고요!

9

랜턴

밝게, 더 밝게!
대세 랜턴을 찾아라

랜턴은 캠핑장에서 손에 들거나 기둥에 걸어 둘 수 있는 조명을 말해요. 도심의 휘황찬란한 조명은 찾아보기 힘든 자연 속에서, 랜턴은 해 질 무렵부터 새벽까지 요긴하게 사용됩니다. 특히 밤하늘 아래 반짝이는 빛을 내는 감성 랜턴은 캠핑의 분위기를 한층 무르익게 해 줍니다. 오래전에는 양초를 랜턴으로 사용했으나 점점 진화를 거듭해 등유 램프, 백열등, 형광등을 거쳐 LED에 이르렀어요. 이번 장에서는 빛과 전기의 역사, 그리고 최근의 대세인 LED 랜턴의 특징과 원리까지 알아봅시다. 그러고 나면 랜턴이 선사하는 빛이 더 소중하게 느껴질 거예요.

반짝이는 빛을 손안에 넣기까지

여러분은 캠핑에서 가장 좋아하는 시간이 언제인가요? 텐트를 치고, 공간을 멋스럽게 꾸미고, 맛있는 음식을 해 먹는 갖가지 재미가 있지만, 어둠이 깔리면 캠핑이 가장 빛을 발하는 시간이 찾아옵니다. 랜턴의 한 줄기 고요한 빛이 캠핑장을 비추면 비로소 낭만의 밤이 시작되지요.

아름답고 고즈넉한 분위기를 선사하는 것만으로도 빛의 역할은 충분하지만, 사실 우리의 일상에서 빛이 중요한 이유는 따로 있습니다. 빛은 사물을 인식하는 데 매우 중요한 역할을 합니다. 제아무리 시력이 좋은 사람이라도 빛의 도움을 받지 않고는 앞을 볼 수 없어요. 스스로 빛을 내는 광원에서 나온 빛이 직접 눈으로 들어오거나, 사물에 반사 또는 투과되어 우리 눈에 도달합니다. 이를 통해 우리는 사물의 형태, 색상, 질감 등을 인식할 수 있어요.

300년 전, 빛을 발하는 광원인 램프가 처음 등장했을 때는 당시 쉽게 구할 수 있었던 파라핀과 고래기름을 연료로 사용했습니다. 기술의 발전과 함께 등유를 사용하기 시작했고, 그 후 석유화학이 발전하면서 가솔린 램프가 등장했습니다. 그러다 전기가 보급되어 밤에도 낮처럼 활동할 수 있을 만큼 밝으면서 이용

랜턴

이 편리한 '전구'가 발명됩니다. 영국의 화학자 험프리 데이비가 만든 아크 램프는 탄소 필라멘트에 거대한 배터리를 연결해 전류를 흐르게 한 것이었어요. 이후 아크 램프를 뛰어넘는 인공 빛을 개발하려는 연구가 활발하게 진행되었습니다.

그로부터 71년 뒤, 세상을 놀라게 할 발명품이 등장합니다. 1879년 토머스 에디슨은 전구 내부를 진공으로 만들고, 적합한 필라멘트를 찾아 더 낮은 전압을 구현함으로써 '백열전구'를 세상에 내놓았습니다. 그런데 사실 에디슨 이전에, 그보다 1년 먼저 백열전구를 만들었던 과학자가 있으니 조지프 스완입니다. 그런데 우리는 어쩌다 에디슨을 전구의 발명가로 기억하게 되었을까요?

에디슨은 무에서 유를 창조한 것은 아니었지만, 그 빛이 오랜 시간 지속되는 '실용적인 전구'를 처음 발명한 사람이라고 할 수 있습니다. 전구를 사용하려면 발전소에서 생산된 전기가 전선을 따라 각 가정에 공급되어야 하는데, 에디슨은 전구에 발전기와 직류 전기를 연결해서 언제든지 조명을 켜고 끌 수 있는 '전력 시스템'도 만들어 냈어요. 전구 하나만을 놓고 활용 방법을 고민해 오던 사람들에게는 무척 혁신적인 발상이었지요. 에디슨은 전구뿐만 아니라 발전기, 전선 등 전력 시스템을 어떻게 확보할 것인지도 고민했습니다. 에디슨전기회사를 설립해 그 시스템을 마련했고요. 이처럼 에디슨이 전구를 실용적으로 개량하고 상용화했기 때문에 우리는 지금까지도 그를 '전구 발명자'로서 기억하고 있는 것입니다.

에디슨은 이 전력 시스템과 관련해 니콜라 테슬라와 일명 '전류 전쟁'을 벌인 것으로도 유명합니다. 전기의 흐름인 전류는 흐르는 방향에 따라 한 방향으로 계속 흐르는 직류와, 일정한 시간 간격으로 흐르는 방향이 바뀌는 교류로 나눌 수 있습니다. 두 사람은 발전소에서 생산한 전기를 가정과 건물로 송전할 때 둘 중 어떤 방법을 사용할 것인지를 두고 맞붙었어요. 에디슨은 전기를 사용하는 소비 지역 인근에 발전소를 세워야 하는 직류 방식을, 니콜라 테슬라는 적은 전력 손실로 장거리 송·배전이 가능한 교류 방식을 제안했어요.

승자는 누구였을까요? 테슬라가 제안한 교류 전류는 변압기만 있으면 손쉽게 전압을 바꿔 먼 거리로 보낼 수 있다는 장점이 있어 지금까지 널리 사용되고 있습니다. 하지만 최근 직류 송전이 점점 늘어나는 추세예요. 특수 반도체의 개발로 인해 전압을 바꿔 먼 거리로 전류를 보낼 수 있게 되었고, 송전 과정에서 전자기파가 발생하지 않는다는 점, 전력 손실이 적다는 점 등이 주목받고 있습니다.

랜턴

그럼 지금부터 전구가 빛을 내는 원리를 좀 더 살펴보겠습니다. 전기는 양(+)과 음(-), 두 종류의 전하가 나타내는 여러 가지 성질을 말합니다. 기원전 600년경 고대 그리스의 철학자 탈레스가 '호박'이라는 광물을 양털에 문지르고 나면 그것이 가벼운 종이나 털을 끌어당기는 현상이 나타나는 것을 최초로 발견하고 '마찰전기'라고 이름을 붙였습니다. 여기서 전기(Electricity)는 호박의 그리스어인 일렉트론(Electron)에서 유래한 것이에요.

'전기가 통한다'라는 표현은 사실 랜턴의 스위치를 누르면 불이 켜지고, 텔레비전이나 컴퓨터의 전원을 누르면 기계가 작동하는 것처럼 전류가 흐르는 것을 말합니다. 전류가 흐르는 이유는 전기회로에서 전자들이 이동하면서 전하를 운반하기 때문이에요.

전구가 어두운 공간을 환하게 비출 수 있는 것도 전류 덕분입니다. 기본적으로 전구는 전기에너지를 빛에너지의 형태로 변환합니다. 이 과정에서 가장 중요한 부분은 전구 내부에 위치한 필라멘트예요. 전구를 작동시키기 위해 필요한 전기는 외부 전원에서 공급됩니다. 전구의 소켓을 통해 전기가 필라멘트에 도달하는 전기의 흐름이 빛을 생성하는 원리입니다. 필라멘트에 전

(전자)
ON
OFF

기가 통할 때 극도로 뜨거워지면서 저항으로 인해 열에너지를 빛으로 방출하는 것이죠.

같은 전구라고 하더라도 어떤 방식으로 전선을 연결하느냐에 따라 밝기에 차이가 생깁니다. 전구를 직렬로 연결하면 각각의 전구에 걸리는 전압이 줄어들므로 전구를 1개만 연결했을 때보다 밝기가 약해집니다. 또한 직렬로 연결된 전구 중 딱 하나라도 고장이 나서 연결이 끊어지면 전류가 흐르는 길이 없어지므로 회로 전체에 전류가 흐르지 않게 됩니다.

두꺼비집이라고 부르는 퓨즈는 집 전체에 들어가는 전류와 직렬로 연결되어 있습니다. 만약 과도하게 센 전류가 흘러서 화재 위험이 감지된다면 퓨즈가 녹아 끊어지고 그로 인해 전류가 차단되면서 화재를 방지할 수 있습니다. 비슷한 예로 화재 감지기가 있습니다. 화재 감지기는 금속이 열을 받으면 팽창하는 원리를 이용한 장치인데, 두 개의 서로 다른 금속이 붙어 있습니다. 불이 났을 때 그 열기로 인해 장치가 팽창해 휘어지면 끊어져 있던 회로가 다시 연결되면서 화재 경보가 작동합니다. 크리스마스트리에서 주로 쓰이고, 텐트를 비춰 캠핑의 낭만을 더해주는 장식용 꼬마전구도 직렬연결의 대표적 예입니다. 전원에 꽂자마자 모든 전구에 불이 동시에 들어오고, 중간에 하나가 고장 나면 모든 전구에 불이 들어오지 않지요.

한편 병렬로 두 개의 전구를 연결하면 전구 1개만 연결했을 때와 동일한 밝기로 빛이 납니다. 직렬연결에서는 전류가 각 전구에 나누어 분배되는 반면, 병렬연결에서는 각각의 전구가 독립적인 회로를 형성하기에 전류의 세기가 변하지 않기 때문입니다. 또한 직렬과 달리 전구 중 하나가 끊어져도 다른 쪽 전구는 그대로 켜져 있습니다.

일상에서 가장 많이 볼 수 있는 병렬연결은 멀티탭이에요. 멀티탭의 각 콘센트는 개별로 220볼트(V)의 전압이 걸리고, 각각을 독립적으로 사용할 수 있습니다. 집이나 건물 등의 전기 배선도 각각 따로 켜거나 끌 수 있도록 만든 병렬연결입니다. 가로등도 하나가 고장 났을 때 다른 모든 가로등이 꺼지는 것을 방지하기 위해 병렬로 연결해 둡니다. 다만, 여러 개의 콘센트를 병렬로 계속 연결해 일명 문어발식으로 사용하면, 전체 저항은 감소하고 전류는 증가하므로 전선에 과도한 전류가 흘러 화재 위험이 높아집니다. 캠핑장에서 멀티탭을 사용할 때도 이 점을 특히 조심해야 한다는 것, 잊지 마세요.

캠핑 랜턴, 대세는 LED

캠핑에서는 어두운 곳을 이동할 때나 요리를 할 때 머리에 쓰고 두 손을 자유롭게 활동할 수 있는 헤드램프와 텐트 주변을 밝힐 밝은 광량의 랜턴, 두 종류의 랜턴이 반드시 필요합니다. 이때 랜턴은 사용하는 연료에 따라 가솔린·가스·건전지 랜턴으로 구분할 수 있습니다. 제각기 장점이 있지만 편의성과 빛의 밝기를 생각하면 건전지 랜턴만 한 게 없지요. 알카라인 건전지 3개만 있으면 환한 LED 랜턴을 50시간 넘게 쓸 수 있거든요.

그럼 이제 LED가 무엇인지 알아볼까요? LED의 원리를 이해하기 위해서는 먼저 반도체가 무엇인지 알아야 해요. 반도체는 전기나 열이 통하는 도체, 통하지 않는 부도체의 중간 성질을 가지고 있어요. 금속과 같이 전기를 잘 통하는 도체도 아니고, 유리처럼 전기가 전혀 통하지 않는 부도체도 아니지요. 낮은 온도에서는 전기가 잘 통하지 않으나 높은 온도에서는 전기가 잘 통한답니다. 주기율표상 14족에 위치하는 저마늄(Ge)이나 실리콘(Si)이 대표적인 반도체예요. 초창기에는 저마늄이 주로 사용되었지만 현재는 실리콘에 13족의 붕소(B)나 15족의 인(P) 등의 불순물을 첨가해 사용합니다. 이런 불순물을 첨가하면 전류가 더 잘 흐르거든요.

이렇게 13족 원소를 첨가하면 양전기(+)의 성질을 갖는 P형 반도체가 되고, 15족 원소를 첨가하면 음전기(-)의 성질을 갖는 N형 반도체가 됩니다. 이 P형 반도체와 N형 반도체를 접합해서 만든 부품을 P-N 접합 다이오드라고 하는데, 이 다이오드는 매우 작고 가벼우며, 양극과 음극을 모두 가지고 있기 때문에 전류의 방향을 통제할 수 있다는 장점이 있어요.

우리말로 발광다이오드라고 하는 LED는 다이오드에 순방향으로 전압을 가했을 때 빛을 발하는 반도체를 말합니다. 기존의 전구가 전기에너지를 열에너지로, 이 열에너지를 다시 빛에너지로 전환한다면 LED 전구는 반도체를 통해 전기에너지를 직접 빛에너지로 전환합니다. 전하를 가진 양극과 음극이 가깝게 붙으면 빛이 만들어지기 때문이에요.

LED는 텔레비전 디스플레이, 신호등, 대형 전광판 등 산업과 일상을 넘나들며 광범위하게 사용되고 있어요. 캠핑에서 LED 램프를 사용하면 어떤 장점이 있을까요? 가장 큰 장점은 전기에너지를 직접 빛에너지로 변환하기 때문에 에너지가 낭비되지 않아 고효율의 빛을 얻을 수 있다는 점입니다. 일반 전구에 비해 배터리의 수명도 길어 환경에 끼치는 부담도 적고 야외에서 긴 시간 동안 빛을 사용할 수 있게 해 줍니다.

구조 요청 기능이 있는 LED 램프를 사용하면 비상 상황에서

랜턴

빨간 불빛을 깜빡여 주변에 신호를 보낼 수도 있습니다. 어두운 밤 안전사고를 예방하고 싶다면 'LED 스트링가드'를 사용하는 것도 도움이 됩니다. LED 스트링가드는 밤에 화장실에 가다가 보이지 않는 텐트 줄에 걸려 넘어지는 것을 막기 위해 줄에 걸어 둘 수 있도록 만든 작은 램프랍니다. 또한 LED의 청색 빛 파장을 이용해 모기를 유인하는 전기 모기채도 매우 유용한 캠핑 장비입니다.

캠프파이어

과학을 알면
나도 불 피우기 달인

캠프파이어 하면 마음속에 떠오르는 장면이 있나요? 친구들 혹은 사랑하는 가족들과 옹기종기 모여 앉아 즐기는 캠프파이어! 평생 잊지 못할 추억을 선물해 주는 캠핑의 꽃이라고 할 수 있지요. 연소의 조건을 알고 약간의 노하우를 더한다면 활활 타오르는 모닥불 피우기도 식은 죽 먹기예요. 불을 다 피우고 나면 타닥타닥 장작 타는 소리를 들으며 '불멍'의 시간을 갖습니다. 이때 불꽃 속에 오로라 가루를 넣으면 더 환상적인 밤 풍경을 즐길 수 있답니다. 이런 즐길 거리 안에는 또 어떤 과학이 숨어 있을까요?

우리에게는 가스나 전기를 사용한 더 성능 좋고 편리한 점화·난방 도구가 있지만, 바비큐나 구운 마시멜로를 먹으며 몸을 녹이기에는 모닥불만 한 게 없지요. 이렇듯 오늘날 캠프파이어는 분위기 있는 캠핑의 밤을 즐기게 해 주는 하나의 레저로 자리를 잡았습니다. 그런데 오래전 인류에게 불은 레저보다는 생존의 의미가 훨씬 컸습니다.

중국 베이징에서 발견된 우리 조상의 유적을 보면 인류는 호모사피엔스 이전인 호모에렉투스 시절부터 불을 피운 것으로 보입니다. 완전한 직립보행을 한 최초의 인류인 호모에렉투스는 약 142만 년 전부터 불을 사용해 음식을 익혀 먹기 시작했습니다.

인류의 역사를 보면 인간이 사회를 이루고 진화를 하는 데 불이 결정적 역할을 했음을 알 수 있어요. 불을 사용하면서 추위를 피하고 사나운 짐승으로부터 스스로를 보호할 수 있게 되었습니다. 또 음식물을 익혀 먹으면서 소화가 잘되어 영양 상태도 좋아졌지요. 따라서 불 덕분에 인간의 신체와 뇌가 더 발달하게 되었다고 볼 수 있습니다. 나아가 흙을 구워 토기 등 생활용품을 만들고 철을 제련해 철 기구를 만들면서 본격적으로 문명이 시작되었습니다.

핸드 드릴은 마찰력을 이용해 불을 발생시키는 도구이다.

　우리 조상들도 아마 처음에는 불 피우는 법을 알지 못했을 거예요. 번개나 산불 등 자연 발화로 얻은 불이 꺼지지 않도록 관리하면서 서로 협동하고 함께 살아가는 법을 배웠을 것입니다. 그러면 맨 처음에는 어떤 방법으로 불을 피우게 되었을까요? 나무와 나무의 마찰을 이용했습니다.

　먼저 나무에 작은 구멍을 내고, 긴 나무조각의 끝을 뾰족하게 깎아 그 구멍 속에 넣습니다. 그리고 나무조각을 양 손바닥으로 비벼서 발생한 마찰열로 불꽃을 만들었어요. 일명 '핸드 드릴'이라고 불리는 이런 도구는 지구상의 거의 모든 지역에서 사용되

었다고 합니다. 그런데 나무를 비벼서 마찰열을 내는 방법은 꽤
나 쉽지 않아 보입니다. 나무의 발화점이 대략 400℃라고 하니,
마찰만으로 이렇게 높은 온도의 열을 발생시키기는 어렵겠지
요? 한편 부싯돌을 황철광으로 세게 쳐서 돌의 마찰열로 불꽃을
만드는 방법도 있었다고 해요. 하지만 충격법이라고 부르는 이
방법도 마찬가지로 쉽지 않아 보입니다.

이렇게 마찰열을 이용하는 방법 외에도 오목거울이나 볼록렌
즈로 햇빛을 모아 불을 피우는 방법도 오래전부터 사용되어 왔
습니다. 허준의 《동의보감》에는 오목거울로 햇빛을 모으고 거
기에 마른 쑥을 놓으면 불을 붙일 수 있다고 적혀 있습니다. 실
상 서민들이 필요에 따라 불을 새로 만들기는 어려운 일이었을
테니 불을 꺼지지 않게 관리하는 일이 그 무엇보다 중요하게 여
겨졌을 것입니다.

이처럼 귀중한 불을 둘러싸고 앉아 온기를 나누거나 음식을
조리하고 공동체로서 의식을 행하기도 하던 관습이 캠프파이어
의 모습으로 지금까지 이어지는 것이라고 볼 수 있겠네요. 그렇
다면 캠프파이어는 백만 년의 역사를 가진, 아주 오래된 전통인
셈이에요.

모닥불을 피우려면 연소의 세 가지 요소를 갖추어야 합니다. 첫 번째로 필요한 것은 '탈 수 있는 물질'인 연료입니다. 모닥불의 경우에는 장작으로 쓸 나무를 준비해야 해요. 캠핑장에 가면 캠프파이어를 위한 장작을 판매하는데, 여기에 쓰이는 나무는 대체로 참나무입니다. 참나무는 밀도가 높고 단단해서 오래 잘 타면서 높은 온도를 유지하기 때문이에요. 공장에서 참나무를 장작으로 가공할 때는 나무를 찐 다음 바짝 말리는데, 이렇게 하면 불도 잘 붙고 타는 소리도 좋습니다. 편백, 아까시나무, 단풍나무, 벚나무 등도 장작으로 선호하는 나무랍니다.

두 번째로는 산소가 필요합니다. 산소는 공기의 21%를 차지하고 있으니 따로 준비할 필요가 없지만, 산소를 잘 공급해 주면 불이 더 잘 붙습니다. 예를 들어 파이어블로우로 숨을 불어넣어 주는 방법이 있어요. 파이어블로우는 공기가 통하게 관을 뚫은 스테인리스 막대입니다. 사람이 내쉬는 숨에는 산소의 농도가 17% 정도로 공기 중의 산소 농도보다는 낮지만, 대신 높은 압력으로 산소를 공급할 수 있기 때문에 자연 상태의 공기가 들어가는 것보다 불을 지피기에 더 유리합니다. 특히 파이어블로우처럼 입구가 좁은 막대로 숨을 내쉬면 압력이 높아지겠지요? 부채

질도 산소 공급을 촉진해 불이 더 잘 붙도록 도와줍니다.

세 번째로는 발화점 이상의 온도가 필요합니다. 왜 그럴까요? 연소란 반응물질보다 생성물질의 에너지가 더 낮아 반응의 결과 열이 방출되는 발열반응에 해당합니다. 그런데 첫 반응이 일어나려면 우선 반응물질의 결합이 끊어져야 하고 이를 위해 에너지가 필요합니다. 이 에너지를 활성화에너지라고 부릅니다.

활성화에너지를 공급하려면 일정 온도 이상으로 가열을 해야 해요. 그래서 모닥불을 피울 때도 먼저 열을 공급해야 하는데, 두꺼운 장작을 점화기로 직접 가열하면 불이 쉽게 붙지 않습니다. 이럴 때 불이 쉽게 옮겨 붙게 하기 위해 먼저 태울 불쏘시개를 준비합니다. 불쏘시개가 제 역할을 하려면 건조해야 하고 산소와의 접촉면이 넓어야 합니다. 마른 잔가지나 신문지, 종이 혹은 시중에서 파는 불쏘시개를 이용하는 방법도 있어요.

불쏘시개의 종류가 다양하지만 쉽게 구할 수 있는 것은 톱밥에 등유를 섞어 굳힌 고체 형태입니다. 한쪽 끝이 성냥처럼 되어 있어 비비면 불이 붙는 것도 있고 액체로 된 불쏘시개도 있어요. 상황에 따라 적합한 불쏘시개가 다르기 때문에 시행착오를 거쳐야 노하우를 얻을 수 있답니다. 그래서 얼마나 불을 잘 붙이는지를 보면 얼마나 경험 많은 캠퍼인지 가늠할 수 있는 것이지요. 실전 경험에 과학 지식까지 더해진다면 정말 유능한 캠퍼가 될

캠프파이어

수 있겠지요?

이렇게 연소의 조건이 마련되고 나면 본격적인 연소 반응이 시작됩니다. 연소가 이루어지는 과정을 자세히 살펴보겠습니다. 우선 장작이 가열되면 나무의 세포벽을 구성하는 셀룰로오스 조직이 부서지면서 물관 속 물이 수증기로 바뀝니다. 그렇게 물이 세포 밖으로 빠져나가면서 세포가 부서져 가연성 기체를 생성해요. 이때 고체로 남은 부분은 점점 숯으로 변하고 빠져나온 기체는 산소와 결합해 연소하면서 열과 빛을 냅니다. 이 열이 다시 셀룰로오스를 분해해 더 많은 기체를 생성하면서 연소가 지속됩니다.

어떤가요? 이러한 화학반응을 식으로 표현한다면 나무의 성분인 탄소화합물이 산소와 결합해 이산화탄소와 수증기를 생성하는 간단한 반응처럼 느껴집니다. 하지만 그 단계를 하나하나 살펴보면 실제 과정이 그렇게 간단하지만은 않다는 걸 알게 될 거예요.

이제 우리는 불쏘시개를 이용해 불을 잘 붙이는 방법에 더해, 연소의 원리까지 알게 되었습니다. 애써 붙인 불이 금방 꺼지는 것만큼 허무한 일은 없겠지요? 그럼 장작을 어떻게 쌓아야 모닥불을 오래 유지하는 데 더 효과적일까요? 똑같은 장작을 태워도 쌓는 방법에 따라 화력과 불이 타오르는 시간이 달라집니다.

수증기
가연성 기체
숯
재

가장 보편적인 방법은 피라미드처럼 원뿔형으로 쌓는 것입니다. 이러한 형태는 티피형이라고도 하는데, 아래의 직경이 넓어서 장작 사이로 산소가 많이 유입되므로 오래 탈 수 있습니다.

그런데 장작이 타면서 원뿔의 형태가 무너질 수 있기 때문에 안정적인 우물 정자 형태로 쌓는 것도 좋은 방법입니다. 이런 형태를 통나무집형이라고 합니다. 우물 모양으로 둘레를 쌓고 가운데를 원뿔형으로 쌓으면 더 안정적으로 불이 오래 타고 화력도 강하게 유지할 수 있어요. 이외에도 두꺼운 장작을 평행하게 쌓아 조리 도구를 안정적으로 올려 두는 방법도 있고, 장작 사이로 가는 나뭇가지를 넣어 불을 더 오래 피우는 방법도 있답니다.

여기서 잠깐! 캠프파이어를 즐기기 전에 안전을 위한 세 가지 원칙을 기억해 주세요. 먼저 불을 피웠다면 그 자리를 떠나지 말고 지켜야 합니다. 갑자기 바람이 불어 불씨가 날아가거나 생각지 못한 위험한 상황이 벌어졌을 때 대처할 수 있도록요. 두 번째는 불을 끌 수 있는 물을 가까이에 준비해 두어야 합니다. 불을 끌 때도 완전히 꺼질 때까지 지켜봐야 하고요. 마지막으로 재는 지정된 장소에 버리고 마무리해야 합니다. 불을 다루는 만큼 안전한 뒤처리는 기본이랍니다. 그럼 이제 본격적으로 캠프파이어를 즐기러 가 볼까요?

보고 있으면 빨려 들어갈 것 같은 주홍색 불빛, 거기에 타닥타닥 마른 장작이 타는 소리를 듣고 있으면 왠지 마음이 따뜻하게 녹아내립니다. 그리고 머릿속이 비워지면서 편안해지는 것을 경험하게 됩니다. 이렇게 하염없이 캠프파이어 불꽃을 바라보는 것을 가리켜 '불멍'이라고 해요.

불멍이란 '불꽃을 멍하니 바라본다' 혹은 '불꽃을 보며 멍때린다'라는 의미를 담은 신조어입니다. 일상의 스트레스를 잊고 무아지경에 이르는 불멍의 시간이 좋아서 캠프파이어를 즐기는 사람들이 많답니다. 최근에는 장작불을 본뜬 LED 램프나, 장작불과 그 소리를 녹화한 영상을 틀어 놓고 집에서도 불멍을 즐기고는 하지요.

이러한 불멍의 효과를 과학적으로 연구한 실제 사례가 있습니다. 미국 앨라배마대학교 크리스토퍼 데이나 린 교수의 연구팀에 따르면 캠프파이어와 불멍이 혈압을 떨어뜨리고 이완 효과를 가져와 스트레스 해소에 도움이 된다고 합니다. 이들은 피실험자를 일정 시간 동안 컴퓨터의 음소거된 캠프파이어 영상을 바라본 그룹, 소리와 함께 캠프파이어 영상을 바라본 그룹으로 나누어 실험을 진행했습니다. 실험 전후 피실험자의 혈압을

캠프파이어

측정해 혈압이 얼마나 떨어지는지 비교하고, 혈압이 많이 떨어질수록 이완 효과가 크다고 해석했어요.

실험 결과 음소거된 영상을 본 피실험자들은 상황에 따라 들쑥날쑥한 수치를 보인 반면 소리가 포함된 영상을 본 피실험자들은 일관적인 양상을 보였는데, 시간이 흐를수록 이완 효과가 더 커졌습니다. 즉 시각과 청각 효과가 결합해, 불 앞에 앉아 있는 것이 이완에 도움이 된다는 가설이 증명된 것이지요. 실험의 한계로 인해 시각과 청각 자극이 미치는 영향만을 알 수 있었지만, 실제로 캠프파이어를 하는 상황에서는 불이 주는 온기와 장작이 타는 냄새, 함께 둘러앉은 이들과의 살가운 대화 등이 모두 이완 효과에 영향을 미칠 것이라고 유추할 수 있습니다.

더 넓은 의미에서 명상이나 뇌의 이완이 행복감에 도움이 된다는 것을 입증한 연구도 있습니다. 1995년, 미국의 바라트 비스월이 쉬어야 하는 상황에서도 활성화되는 뇌의 부위가 있다는 사실을 발견하면서 '쉬지만 쉬지 않는 뇌'라는 개념이 처음 등장했습니다.

그로부터 6년이 지난 2001년, 뇌에서 언어와 관련된 영역을 연구하던 워싱턴대학교의 마커스 라이클 교수는 신기한 현상을 발견합니다. 과제를 수행하기 전후 피실험자의 뇌를 분석했더니, 과제 수행 전에는 부지런히 활동하다가 정작 과제 수행을 시작하면 조용해지는 부위가 있었습니다. 라이클 교수는 이것의 정체를 밝혀 '내정상태회로(Default Mode Network)'라는 개념을 제시했습니다. '내정상태'는 말 그대로 디폴트 상태, 즉 기본 설정 모드를 말합니다. 우리 뇌가 아무 일을 하지 않을 때도 컴퓨터처럼 일정하게 활성화된 상태를 유지하고 있다는 것입니다.

이후 뇌신경학자들의 노력으로 내정상태회로의 다양한 역할이 밝혀졌습니다. 내정상태회로는 뇌가 언제든 활동할 수 있도록 준비 상태를 유지해 주는 역할을 합니다. 게다가 뇌의 이완을 통해 내정상태회로의 연결을 감소시키면 행복감을 증진할 수 있다고 합니다. 명상이나 멍때리기는 내정상태회로의 연결을 줄여 뇌가 진정으로 쉴 수 있도록 하는 활동인 것이지요.

자, 이제 우리가 바쁜 외중에도 캠핑장으로 훌쩍 떠나 불멍에 빠져야 하는 이유를 알게 되었지요? 물멍도, 하늘멍도 좋습니다. 자연을 보면서 생각을 내려놓는 시간은 바쁜 삶을 살아가는 우리 모두에게 필요하니까요.

꽃 중의 꽃 오로라 불꽃

장작이 타면서 주황색 불꽃이 너울너울 춤추는 모습은 그 자체

캠프파이어

불꽃 반응의 원리를 이용한 오로라 불꽃이 다채롭게 빛나고 있다.

로 화려하지요. 그런데 요즘은 더 화려한 볼거리를 즐길 수 있답니다. 오로라 불꽃이라고 부르는 가루를 불 속에 넣으면 빨강, 파랑, 초록의 화려한 불꽃이 살아나거든요. 마치 영화 〈해리포터〉에 나오는 마법사가 마술로 형형색색의 불꽃을 만들어 낸 것처럼 보입니다. 이 오로라 가루의 정체는 무엇일까요?

이 오로라 불꽃은 여러분이 과학 시간에 배우는 '불꽃반응'을 그대로 재현한 것입니다. 일부 금속원소는 그 원소를 포함한 물질이 불꽃과 접촉하면 특정한 색을 나타내는데 이를 불꽃반응

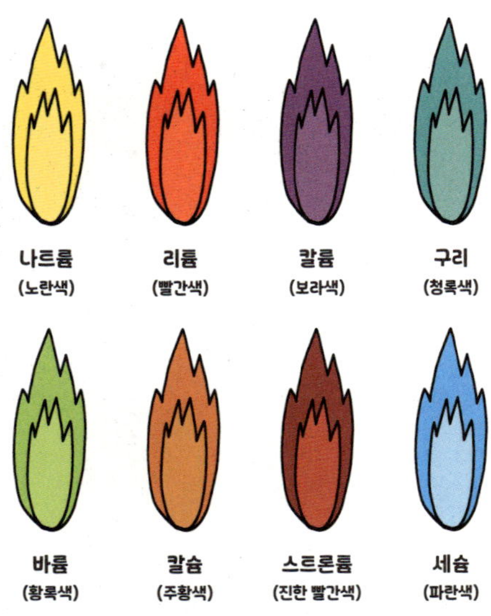

〈원소의 불꽃반응〉
원소가 불꽃에 접촉하면 원소의 종류에 따라 고유한 색깔을 나타낸다.

이라고 합니다. 불꽃반응 실험은 쉽고 간단하며 물질의 양이 적어도 잘 관찰됩니다. 같은 종류의 금속원소를 포함한 물질은 같은 색을 나타내기 때문에 불꽃반응을 보고 물질에 어떤 원소가 들어 있는지 확인할 수 있어요. 요리를 하다가 찌개의 국물이 넘쳐 가스 불 위로 흐른 적이 있나요? 아마 그때 가스 불꽃이 노란색으로 변했을 거예요. 찌개에 염화나트륨인 소금이 들어 있기 때문에 나트륨의 불꽃색인 노란색이 나타나는 것이랍니다.

물론 모든 원소가 불꽃색을 나타내는 것은 아니므로 특정한

금속원소만 확인할 수 있어요. 또 불꽃색이 비슷한 원소는 정확히 구별하기 어렵기도 합니다. 이 경우 분광기로 스펙트럼을 관찰하면 더 정확하게 금속원소를 확인할 수 있습니다. 예를 들어 리튬과 스트론튬은 불꽃색이 둘 다 빨간색이라 불꽃반응으로는 잘 구별되지 않습니다. 그러나 분광기로 스펙트럼을 관찰하면 구별이 가능합니다. 스펙트럼에 나타나는 특유의 선 색깔, 위치, 굵기, 개수 등이 서로 다르기 때문이에요.

금속은 그 속에 들어 있는 자유전자로 인해 특유의 불꽃색을 가집니다. 금속을 포함한 화합물을 불꽃에 넣으면 자유전자가 에너지를 흡수해 들뜬 상태처럼 됩니다. 이렇게 불안정해진 전자가 다시 낮은 에너지 상태로 떨어지는 과정에서 그 차이에 해당하는 만큼의 에너지를 가시광선의 빛으로 방출하고, 이때 원소마다 방출되는 빛의 파장이 달라 서로 다른 색이 나타나는 것입니다. 나트륨은 노란색, 칼륨은 보라색, 구리는 청록색, 바륨은 황록색, 칼슘은 주황색, 세슘은 파란색이 나타납니다. 리튬과 스트론튬은 둘 다 빨간색을 띠는데, 스트론튬이 더 진한 색을 보인답니다.

과학 시간에 배운 불꽃반응을 캠핑장에서 아름답게 재현할 수 있다니, 근사하지 않나요? 캠핑의 아름다움이 과학과 또 어떻게 맞닿아 있을지 궁금해집니다.

별자리

계절마다 달라지는
변화무쌍 밤하늘

해가 지고 나면 점점 어둠이 밀려와 하늘이 깜깜해집니다. 그리고 반짝이는 별들이 하나둘 보이다 어느샌가 밤하늘을 가득 채우지요. 돗자리를 깔고 누워 밤하늘을 올려다보면, 우리가 잘 아는 북두칠성과 카시오페이아를 찾을 수 있습니다. 이름은 모르지만 눈에 띄는 밝은 별을 이어 나만의 별자리를 만들 수도 있지요. 아주 깜깜한 곳이라면 견우와 직녀 별 사이를 흐르는 은하수도 볼 수 있을 거예요. 그런데 밤하늘에서 반짝이는 것들은 모두 별일까요? 또 밤하늘 속 천체는 어떻게 구분할 수 있을까요? 캠핑장 밤하늘을 관찰하고 그 정체를 알아봅시다.

별일까? UFO일까?

밤하늘의 반짝이는 별은 언제 보아도 아름답습니다. 별이 반짝이는 것은 별빛이 지구의 대기권을 통과하면서 굴절하기 때문입니다. 지구의 대기는 밀도가 일정하지 않고, 바람도 불기 때문에 불안정합니다. 따라서 별빛이 우리 눈에 바로 들어올 때도 있지만 굴절이 일어나 산란되면 빛의 양이 줄어들어요. 이렇게 빛이 우리 눈에 들어왔다가 굴절에 의해 빛이 약해지기를 반복하면 마치 별이 반짝이는 것처럼 보입니다. 대기권 밖에서 별을 보면 지구에서 볼 수 있는 반짝임은 거의 없을 거예요.

해가 진 후 돗자리를 깔고 밤하늘을 올려다보면, 반짝이는 별들 사이로 움직이는 별이 보이기도 합니다. 밤하늘에 UFO가 나타난 것일까요? 그렇다면 천문대에서 먼저 발견했을 텐데요. 깜빡이면서 움직이는 이 불빛은 사실 별이 아니라 비행기입니다. 비행기에는 운항 중에 사용하는 다양한 초록색, 붉은색, 백색의 등이 달려 있습니다. 대표적으로 충돌 방지 등은 매분 40회에서 110회 이내로 깜빡이며 다른 비행기나 지상 사람들에게 비행기가 떠 있다는 사실을 알리고, 충돌을 예방해 주지요.

비행기와 달리 깜빡이지 않고 별 사이를 길게 지나가는 것은 인공위성입니다. 특히 아주 밝은 빛을 내며 지나가는 별이 있다

"

면 그건 국제우주정거장(ISS)일 가능성이 높아요. 국제우주정거장은 금성보다 더 밝을 때가 있어서 사람들이 종종 UFO로 착각하고 신고를 하기도 합니다. 그런데 인공위성은 스스로 빛을 내지 않습니다. 인공위성의 태양 전지판이나 몸체에 반사된 태양빛 때문에 빛나는 것처럼 보일 뿐이지요. 따라서 해가 뜨기 전 새벽이나 해가 진 후 저녁에만 볼 수 있습니다. 운이 좋으면 인공위성 여러 대가 줄지어 지나가는 스타 링크도 볼 수 있는데, 국제우주정거장이나 인공위성이 언제 우리 머리 위 하늘을 지나가는지 알려 주는 애플리케이션을 통해 정보를 확인할 수 있답니다.

마지막으로 별로 착각하기 쉬운 별똥별이 있습니다. 유성이라고도 하는 별똥별은 작은 우주먼지가 지구 중력에 끌려드는 것입니다. 이때 대기와의 마찰에 의해 빛을 내면서 떨어지게 됩니다. 시간당 100개 이상의 유성이 떨어지는 것을 유성우라고 하는데, 유성우가 떨어지는 시기에 맞추어 캠핑을 가면 멋진 우주 쇼를 볼 수 있습니다. 대기권에서 다 타지 못하고 지구 위로 떨어지는 것인 운석도 유성의 하나입니다.

별들 사이를 움직이는 천체를 보고 UFO라고 오해하지 마시고 찬찬히 밤하늘을 감상해 보기 바랍니다. 별똥별이 떨어질 때 소원을 비는 것도 잊지 마세요!

맑은 날 밤하늘을 올려다보면 반짝반짝 빛나는 별들을 많이 볼 수 있어요. 북쪽 하늘에는 우리에게 가장 잘 알려진 북극성이 떠 있지요. 북극성은 밤하늘에서 가장 밝은 별일까요?

약 2,200년 전 히파르코스는 하늘에서 가장 밝은 별을 1등성, 육안으로 간신히 볼 수 있는 별을 6등성으로 정했습니다. 북극성은 약 2등성에 해당하는 별로, 도시에서는 가까스로 볼 수 있습니다. 흔히 북극성을 가장 밝은 별이라고 오해하지만, 사실 북극성은 밤하늘에서 가장 밝은 별이 아닙니다. 하지만 가장 중요한 별을 하나만 꼽으라면 북극성이라고 할 수 있어요. 북극성은 말 그대로 북쪽이 어디인지 알려 주는 별이기 때문에 나침반이 없을 때나 낯선 캠핑장에서 길을 잃었을 때 방향을 가늠하는 데 유용합니다.

별들은 하루에 한 번씩 동쪽에서 떠서 서쪽으로 집니다. 그럼 별들이 지구 주위를 하루에 한 바퀴 도는 걸까요? 사실은 별들이 도는 것이 아니라 지구가 자전을 하는 것이에요. 지구는 서쪽에서 동쪽으로 자전하기 때문에 밤하늘의 별들은 지구의 자전과 반대로 동쪽에서 서쪽으로 움직이는 것처럼 보입니다. 그런데 북극성은 지구 자전축에 거의 가까이 있어 움직이지 않는 것

별자리

처럼 느껴져요. 따라서 북극성을 찾으면 북쪽 방향을 알 수 있습니다. 옛날 먼 바다를 항해하던 선원들이나 양을 치는 목동들은 북극성을 기준으로 동서남북 방향을 알아냈다고 해요.

북극성은 아주 밝은 별은 아니기 때문에 우리는 북두칠성이나 카시오페이아 별자리로 북극성을 찾아야 합니다. 그런데 초저녁에 항상 북두칠성과 카시오페이아가 떠 있는 것은 아닙니다. 국자 모양의 북두칠성은 봄, 여름에 잘 보이는 별자리이고, 가을과 겨울에는 지평선 근처에 있기 때문에 잘 보이지 않습니다. 하지만 가을과 겨울에는 M자 모양의 카시오페이아로 북극성을 찾을 수 있어요.

북두칠성이 보일 때는 북두칠성의 첫 번째 별과 두 번째 별 사이의 거리만큼을 다섯 배 정도 직선으로 나아가면 별이 하나 보이는데, 이것이 북극성입니다. 카시오페이아가 보인다면 카시오페이아 첫 번째 별과 두 번째 별을 연결한 직선과, 카시오페이아 네 번째와 다섯 번째 별을 연결한 직선이 만나는 가상의 점을 만듭니다. 그리고 가상의 점과 카시오페이아 세 번째 별까지의 거리만큼을 약 다섯 배 정도 직선으로 나아가면 북극성이 나타납니다. 이제 북극성을 찾을 수 있겠지요?

이렇게 별을 찾는 방법도 있지만, 스마트폰 애플리케이션을 이용하면 지금 떠 있는 별자리가 무엇인지, 밝은 천체가 별인지 혹은 행성인지까지 쉽게 알 수 있답니다. 밤하늘의 별 이름과 별자리를 다 외우지 않아도 스마트폰으로 밤하늘을 올려다보면 마치 천체 투영실처럼 실제 밤하늘을 보여 주지요.

스마트폰에서 별자리 애플리케이션을 다운받아 보세요. 무료 애플리케이션을 사용해도 충분합니다. 안드로이드 스마트폰은 '스카이 맵', 아이폰은 '나이트 스카이'를 추천합니다. 물론 다른 것을 사용해도 좋아요. 애플리케이션을 실행한 후, 스마트폰을 들어 하늘을 향합니다. 별자리 애플리케이션에는 방향도 표시되어 동서남북을 바로 확인할 수 있습니다. 밝은 별과 별자리, 그리고 행성의 모양과 이름까지 화면에 포착됩니다.

특히 스카이 맵의 경우, 자신이 찾고 싶은 천체(별, 행성, 성단 등)를 지정해서 찾을 수 있어요. 애플리케이션 내 검색창에 천체의 이름을 입력하면 원과 화살표가 나타나는데, 이 화살표를 따라 스마트폰을 움직이면 지정한 천체를 찾을 수 있습니다. 또한 스마트폰 갤러리에 천체 사진을 저장해 두고, 그 사진을 스카이 맵으로 불러오면 현재 그 천체가 어디에 있는지 알 수 있어요. '시간 여행' 기능을 쓰면 마치 타임머신처럼 과거와 미래 하늘의 별자리까지 확인할 수 있으니, 별자리를 잘 모르더라도 밤하늘 천체를 모두 찾아볼 수 있겠지요?

별자리는 누가 만들었을까요? 별자리를 만들어 이름을 붙인 건 아주 오래전 바빌로니아 지역의 유목민이라고 해요. 양 떼를 지키며 밤하늘을 바라보다가 밝은 별들을 연결해 동물의 이름을 붙인 것이 별자리의 시작입니다. 그 후 그리스신화 속 영웅과 동물의 이름이 추가되었고, 대항해시대에 남반구로 항해를 하면서 새로운 별자리가 또 만들어졌습니다.

그러다 보니 지역마다 별자리를 부르는 이름이 다르고, 별자리의 개수도 점점 많아져 혼란이 생겼습니다. 그래서 1928년 국제천문연맹에서는 북반구 하늘에 28개, 남반구 하늘에 48개, 황도 주변의 12개를 더해 총 88개 별자리를 확정했습니다. 우리가 아는 북두칠성은 별자리 이름에서는 찾아볼 수 없는데, 큰곰자리의 엉덩이와 꼬리에 해당합니다. 국제적으로 쓰이는 이름은 아니지만, 우리나라에서는 일곱 개의 별이 선명하게 보인다는 이유로 큰곰자리보다는 북두칠성이라고 부릅니다.

따뜻한 4월 초에는 밤하늘 어느 곳을 봐야 봄철 별자리가 있을까요? 계절별 별자리는 그 계절의 한밤중에 머리 위부터 남쪽까지 길게 펼쳐져 있는 별자리를 말합니다. 봄철의 별자리는 춘분, 여름철 별자리는 하지, 가을철 별자리는 추분, 겨울철 별자리는 동짓날에 볼 수 있어요. 이렇게 계절마다 별자리가 달라지는 이유는 지구가 공전을 하기 때문입니다. 지구는 태양 주위를 1년 365일 동안 360도 한 바퀴를 돌게 되는데, 이때 하루에 약 1도씩 움직입니다. 지구의 공전으로 계절도, 밤하늘의 별자리도 바뀌는 것이지요.

밤 9시부터 자정까지가 해당 계절의 별자리를 볼 수 있는 시간이에요. 9시가 되기 전 저녁 시간에는 이전 계절의 별자리를 볼 수 있습니다. 만약 4월에 캠핑을 가서 저녁 7시에 밤하늘을 본다고 하면, 머리 위부터 남쪽까지는 겨울철 별자리가 밝게 떠 있고, 봄철의 별자리는 동쪽에 있을 거예요. 시간이 지나 밤 9시가 되면 봄철의 별자리가 더 높이 떠올라 잘 볼 수 있습니다.

계절마다 달라지는 별자리

자, 이제 별자리를 관측할 준비가 되었나요? 별자리를 쉽게 찾으려면 길잡이 별이나 길잡이 별자리를 이용하는 것이 좋습니다. 즉 그 계절에 잘 보이는 밝은 별이나 쉽게 확인할 수 있는 별자리를 먼저 찾고 원하는 별자리를 찾아 나가는 거예요. 모르는 장소에 갈 때 넓은 도로와 큰 건물을 먼저 찾고 그것을 기준으

로 길을 찾아가는 것과 같은 방식이지요.

봄철의 대표 별자리는 목동자리, 처녀자리, 사자자리입니다. 먼저 북두칠성 별자리에 손잡이처럼 생긴 부분의 끝을 따라 곡선을 그리며 내려오면 밝은 별이 있는데, 바로 목동자리의 아르크투루스입니다. 아르크투루스에서 남쪽으로 더 내려오면 처녀자리의 스피카가 있습니다.

처녀자리는 그리스신화 속 대지의 여신인 데메테르의 딸 페르세포네를 뜻하기도 합니다. 페르세포네가 지하 세계의 하데스에게 잡혀가자 데메테르가 슬픔에 빠져 대지를 돌보지 않아 대지가 황폐해집니다. 제우스는 하데스를 설득해 페르세포네가 일년의 반은 지하 세계에서, 반은 지상 세계에서 어머니와 함께 있도록 합니다. 데메테르가 딸을 만나면 대지에 새싹이 피어나 활기를 찾게 되지요. 봄에 동쪽 하늘에 떠오르는 처녀자리는 지하세계에서 올라오는 페르세포네의 모습을 나타냅니다.

여름철 별자리는 은하수를 사이에 두고 빛나는 견우와 직녀별로 찾을 수 있습니다. 견우와 직녀는 여름철에 보이는 별 중에서 가장 밝은 별로 도시에서도 쉽게 찾을 수 있습니다. 한여름 밤 머리 위에서 가장 밝게 빛나는 별이 직녀, 즉 거문고자리의 베가입니다. 그리고 남쪽에 보이는 별이 견우, 즉 독수리자리의 알타이르입니다.

　은하수에는 열십자(十) 모양의 백조자리가 있습니다. 그 끝에 있는 밝은 별이 백조의 꼬리별인 데네브예요. 직녀와 견우, 그리고 데네브를 연결하면 직각삼각형이 그려지는데, 이것을 가리켜 여름철 대삼각형이라고 합니다. 이번에는 남쪽 하늘과 지평선 근처를 볼까요? 붉게 빛나는 별이 전갈의 심장이라고 하는 안타레스입니다. 전갈자리에서 전갈의 머리는 T자 모양이고, 전체적으로는 S자 모양을 하고 있어요.

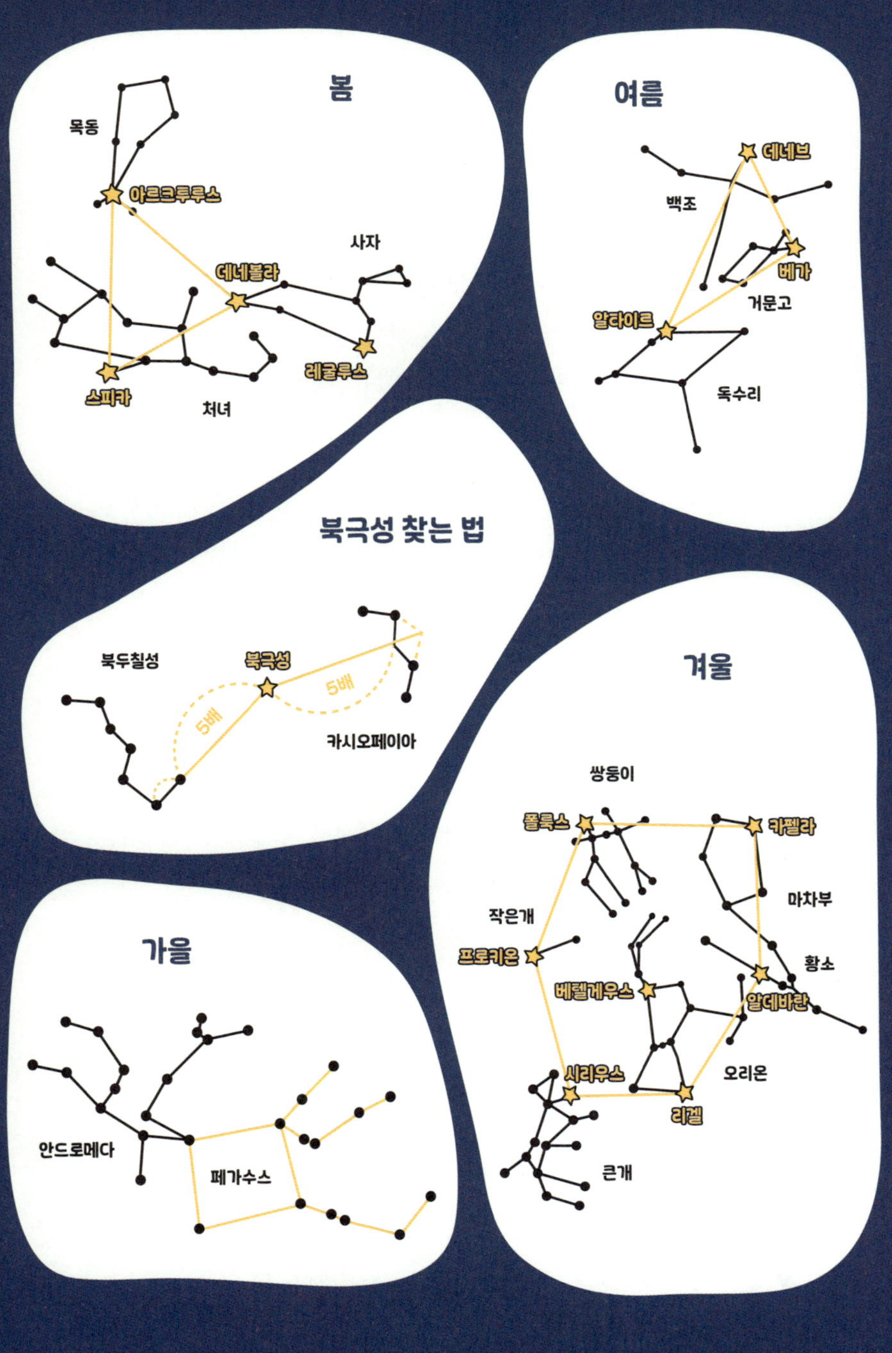

봄
목동
아르크투루스
데네볼라
사자
레굴루스
스피카
처녀
여름
데네브
백조
베가
거문고
알타이르
독수리
북극성 찾는 법
북두칠성
북극성
5배
5배
카시오페이아
겨울
쌍둥이
폴룩스
카펠라
마차부
작은개
프로키온
황소
베텔게우스
알데바란
시리우스
오리온
리겔
큰개
가을
안드로메다
페가수스

가을은 밝은 별이 많지 않아 별자리를 찾기가 어려운 계절입니다. 하지만 북쪽 하늘에 있는 M자 모양의 카시오페이아와 사각형 모양의 페가수스자리가 길잡이 별이 되어 줍니다. 카시오페이아는 에티오피아의 왕 케페우스의 왕비입니다. 그래서 카시오페이아자리 왼쪽에는 오각형 모양의 케페우스자리가 보입니다. 카시오페이아자리 남쪽에는 그들의 딸인 안드로메다자리가 있고요. 어두운 곳에서는 희미하게 안드로메다은하도 볼 수 있어요. 그리고 안드로메다자리 부근에는 사람 인(人)자 모양을 한 페르세우스자리가 있습니다. 하늘 가운데에서는 페르세우스가 타고 다니는 말인 페가수스자리도 나타납니다.

가을과 달리 겨울철에는 하늘에 밝은 별들이 많아 별자리를 찾기가 쉽습니다. 마차부자리의 카펠라, 황소자리의 알데바란, 오리온자리의 리겔, 큰개자리의 시리우스, 작은개자리의 프로키온, 쌍둥이자리의 폴룩스를 연결하면 거대한 육각형이 그려지는데, 이를 겨울철 다이아몬드라고 합니다.

황소자리를 맨눈으로 보면 별들이 6~7개가 모여 있는 것처럼 보입니다. 이것은 플레이아데스성단입니다. 플레이아데스성단은 우리나라에서 '좀생이별', '칠공주별'이라고도 불렀답니다. 오리온자리의 베텔게우스는 맨눈으로 볼 수 있는 별 중에서 가장 큰 별인데, 적색거성인 이 별은 태양보다 지름이 약 900배나 크

다고 해요. 또한 큰개자리의 시리우스는 우리가 맨눈으로 볼 수 있는 밤하늘의 별 중에서 가장 밝은 별입니다.

잠자리에 들기 전에 밤하늘의 별자리를 관찰해 보세요. 스마트폰의 별자리 애플리케이션으로 오늘 밤 별자리의 위치를 찾고, 별자리와 관련된 그리스신화도 읽어 보면 캠핑의 밤이 더 낭만적으로 느껴질 거예요.

초승달부터 보름달까지 변화무쌍 달

별자리와 함께 하늘을 아름답게 수놓는 천체들 덕분에 캠핑의 밤이 더 깊어 갑니다. 이제 육안으로 그 변화를 가장 잘 파악할 수 있는 천체, 달에 대해 알아볼까요? 달은 초승달, 보름달 등 언제 관측하느냐에 따라 그 모양과 명칭이 다양해요. 달의 위치 변화와 생김새를 유심히 관측하는 것도 늦은 시간 캠핑장에서 즐길 수 있는 묘미랍니다.

달은 지구에서 가장 가까운 천체이자 지구 주위를 공전하는 위성입니다. 달은 지구 주위를 공전하기 때문에 위치에 따라 태양 빛을 받는 면이 달라지고, 지구에서 보면 그 모습이 다르게 나타납니다. 어떤 때는 눈썹 모양이고, 반원 혹은 럭비공처럼 보이거나 동그란 보름달로 나타날 때도 있습니다. 이렇게 달의 모양이 변하는 것을 '위상 변화'라고 합니다.

우리는 달을 매일 밤 볼 수 있을까요? 날씨가 맑으면 음력 1일을 빼고는 거의 매일 달을 볼 수 있을 것입니다. 하지만 달은 지구 주위를 공전하기 때문에 날마다 50분씩 늦게 뜹니다. 매일 같은 시간 달을 관측하면 위상이 바뀔 뿐만 아니라 동쪽으로 이동해 있다는 것을 알 수 있어요. 초승달이나 상현달은 저녁에 보이지만 하현달이나 그믐달은 새벽에 보입니다. 캠핑장에서 달을 보기 위해 밤을 새긴 힘들 테니, 캠핑이 한창 무르익을 시간인 저녁 6시부터 9시까지, 맑은 날 초저녁에 볼 수 있는 달에 관해 알아볼까요?

초저녁에는 초승달부터 보름달까지 볼 수 있습니다. 초승달은 오른쪽이 밝으면서 눈썹처럼 얇은 달입니다. 초저녁 초승달은 서쪽 하늘에서 보이기 때문에 시간이 조금 지나면 서쪽으로 완전히 지게 됩니다. 오른쪽이 밝으면서 반만 보이는 반달을 상현달이라고 하는데, 상현달은 초저녁에 남쪽 하늘에 떠 있다가 자정쯤에 모습을 감춥니다.

음력 15일쯤 뜨는 둥근 보름달은 초저녁 동쪽 하늘에서 떠오릅니다. 그리고 밤새도록 볼 수 있어요. 보름달에서 어두운 무늬를 본 적이 있나요? 이 무늬를 '바다'라고 합니다. 물이 있어서

바다는 아니고, 실제로는 어두운 암석인 현무암으로 덮여 있습니다. 현무암의 존재는 달이 생성될 당시 달 표면에 용암이 흘렀다는 것을 말해 주지요. 이 바다의 모양을 보고 우리나라에서는 옥토끼가 살고 있다고 했고, 외국에서는 여자의 옆모습이라거나 한쪽 집게가 큰 게의 모습이라고 상상했습니다. 여러분도 한번 달 표면이 어떻게 보이는지 상상해 보세요.

마지막으로 하현달과 그믐달에 대해 알아보겠습니다. 새벽에 일어나 하늘을 보았을 때 왼쪽이 밝은 반달이 보인다면 그 달은 하현달입니다. 그리고 눈썹 모양의 달이 동쪽 하늘에 떠 있으면 그믐달이에요. 저녁에 달을 보지 못했다면 일찍 일어나 새벽하늘을 보는 방법도 있습니다. 그러면 하현달과 그믐달을 볼 수 있답니다.

망원경으로 어디까지 볼 수 있을까?

밤하늘에는 별과 달 외에도 마치 별처럼 빛나는 행성들이 있습니다. 금성, 화성, 목성, 토성이 지구에서 가장 잘 보이는 행성입니다. 육안으로도 구분이 가능하지만 더 자세히 살펴보고 싶다면 천체망원경을 빌려 가는 것도 좋은 생각이에요!

저녁에 서쪽 하늘에서 밝게 빛나는 천체가 있다면 금성일 확률이 높습니다. 저녁에 보이는 금성을 우리 선조들은 어떻게 불렀을까요? 사실 금성은 보이는 시간에 따라 다른 이름으로 불렀습니다. 새벽에 보이는 금성은 샛별, 저녁에 보이는 금성은 개밥바라기라고 불렀지요. 개밥바라기라니 이름이 꽤나 재미나지요? 집에서 기르는 개가 저녁밥을 달라고 짖어 댈 때 하늘을 보면 금성이 떠 있어 붙여진 이름입니다.

금성은 달처럼 위상 변화를 하기 때문에 망원경으로 보면 초승달이나 그믐달 모양으로 보이기도 합니다. 하지만 망원경으로 금성의 표면까지 또렷이 볼 수 있는 것은 아니에요. 금성의 대기는 두꺼운 이산화탄소로 덮여 있기 때문에 망원경으로 보더라도 표면이 잘 보이지 않거든요.

목성은 태양계 행성 중 가장 크기 때문에 밤하늘에서 밝게 빛납니다. 지구 부피의 1,300배, 질량은 무려 318배나 되는 거대한 행성이지요. 쌍안경이 있다면 목성 주위를 도는 위성 중 4개를 볼 수 있고, 망원경으로 목성을 보면 목성의 줄무늬까지 볼 수 있습니다. 표면의 붉은색 점이 보일 때도 있는데, 이 점을 대적점이라고 합니다. 대적점은 단순히 큰 점이 아니라 지구의 태풍과 같은 거대한 소용돌이입니다. 그 크기가 지구보다도 크고요.

태양계 행성 중 위성이 가장 많은 행성은 무엇일까요? 목성?

토성? 바로 토성입니다. 2023년 5월, 토성에서 한 번에 62개의 위성이 추가로 발견되어 총 146개가 되었습니다. 이로써 95개 위성을 가진 목성을 제치고 태양계에서 가장 많은 위성을 거느린 행성으로 자리매김했습니다. 토성의 또 다른 특징은 바로 고리가 있다는 것입니다. 맨눈으로는 볼 수 없지만 망원경으로 보면 작고 귀여운 토성의 고리를 볼 수 있습니다. 토성의 고리는 작은 우주먼지나 얼음으로 되어 있고 두께가 약 1km밖에 되지 않아 지구에서는 토성의 고리가 보이지 않을 때도 있습니다.

밤하늘의 붉은 행성은 바로 화성입니다. 불처럼 붉게 빛나고 있어서 화성(火星)이라는 이름이 붙여졌고, 신화 속 전쟁의 신 이름을 따 그리스에서는 아레스, 로마에서는 마르스라고 불렸습니다. 화성에는 물이 흘렀던 흔적도 있고, 지구와 같은 암석형 행성이기 때문에 우리 인류가 달 다음으로 가 보고 싶어 하는 곳이지요. 그래서 많은 위성과 로봇을 보내 탐사 활동을 하고 있습니다. 머지않아 화성으로 캠핑을 떠날 날도 오게 될까요?

캠핑장에서의 천체관측이 낭만적으로 느껴지는 것은 우리 몸에 우주의 흔적이 새겨져 있기 때문일지도 모르겠습니다. 우리 몸을 이루는 원소들은 모두 별의 핵융합과 초신성 폭발 과정에서 만들어졌거든요. 지금까지 나눈 이야기를 기억하며 천체를 관측해 보면 밤하늘의 아름다움을 배로 즐길 수 있을 거예요.

핫팩·아이스팩

한밤중에도 한낮에도 문제없어!

야외 캠핑장에서는 기온 변화에 잘 대비해야 합니다. 여름철에는 밤이 되면 금세 쌀쌀해져 일교차가 크고, 겨울철에는 종일 추운 날씨가 이어지니 우리 몸을 보호하기 위해 더 철저한 준비가 필요하지요. 예를 들면 캠핑장에서 잠들기 전 이부자리를 볼 때 텐트 속 온도가 적절한지 꼭 점검해야 해요. 또한 여름철 캠핑에서는 무더운 날씨로 인해 음식이 상하지 않게 보관하는 일이나 냉방이 아주 중요해집니다. 이렇듯 추운 겨울과 무더운 여름에는 휴대용 냉난방 용품인 핫팩과 아이스팩을 아주 요긴하게 쓸 수 있답니다. 여기에는 어떤 과학이 숨어 있을까요?

추운 겨울철, 양손에 핫팩을 쥔 채 주머니에 손을 넣으면 얼굴은 찬 겨울바람을 맞아 얼얼하더라도 따뜻한 핫팩 덕분에 어느 정도 체온을 유지할 수 있습니다. 이처럼 핫팩은 시린 손을 따뜻하게 녹이고 싶을 때도, 훈훈한 잠자리 환경을 만들고 싶을 때도, 심지어 식은 음식을 데울 때도 보조 난방 도구로 요긴하게 쓰인답니다. 특히 주머니에 쏙 들어가는 크기로 휴대가 간편해 캠핑에서도 쓰임새가 아주 많습니다.

이렇게 편리한 핫팩을 처음 발명한 사람은 누구일까요? 오늘날 우리가 사용하는 형태의 핫팩을 처음으로 만든 사람은 일본인인 니치 마토바입니다. 1923년 그가 특허를 낸 핫팩은 부직포 주머니에 철 가루와 촉매를 넣은 단순한 구조를 가지고 있었어요. 100년이 지난 지금도 그 방식대로 핫팩이 생산되고 있으니 단순하지만 대단한 발명이지요.

철은 공기 중의 산소와 상온에서 만나면 산화가 느리게 진행되는 특징을 가지고 있습니다. 우리가 보통 '녹슨다'라고 부르는 현상이 그것입니다. 철 가루가 들어간 핫팩을 흔들면 이와 마찬가지로 철 가루가 공기 중의 산소와 결합하면서 산화철이 만들어집니다. 핫팩은 이 화학반응이 일어나는 과정에서 열이 발생

핫팩·아이스팩

하는 원리를 이용한 것이에요.

핫팩에는 이 반응을 빠르게 일어나게 하기 위한 장치들이 마련되어 있습니다. 예를 들면 핫팩에는 철 가루 외에도 숯가루, 소금, 물 등을 넣어 주는데, 이러한 물질은 철의 산화가 잘 진행될 수 있도록 돕는 역할을 합니다. 먼저 전해질인 소금은 물에 녹아서 전자가 잘 이동할 수 있는 환경을 만들기 때문에 철이 잘 산화되도록 돕습니다. 또한 숯가루는 내부에 구멍이 많은 다공성 구조여서 흡수한 물이 흐르지 않게 하고, 반응할 수 있는 표면적을 넓혀 줍니다.

숯가루와 마찬가지로 핫팩에 들어 있는 가루들은 고운 입자로 되어 있어요. 가루의 입자가 작을수록 표면적이 넓어져 화학 반응이 빨라지기 때문입니다. 핫팩 안의 주머니에 미세한 구멍이 많이 뚫려 있는 것도 비슷한 이유입니다. 섬유의 특성상 촘촘하게 구멍이 나 있는 부직포는 공기 중의 산소와 쉽게 접촉할 수 있도록 해 화학반응 속도를 높여 줍니다. 대신 핫팩이 화학반응을 하기 전에는 그 안의 고운 가루들이 새어 나오지 않도록, 또 공기와 접촉하기 않도록 잘 포장하는 것이 중요하겠지요? 또한 핫팩이 반응할 때 나오는 열에 의해 화상을 입을 수도 있으니 피부에 직접 닿지 않도록 조심해야 합니다.

이렇게 철 가루가 든 핫팩을 주로 사용하지만, 이외에도 액체

형 손난로가 있습니다. 액체 안의 금속판을 똑딱 소리가 나게 구부리면 액체가 하얗게 굳으면서 따뜻해지는 손난로예요. 말랑말랑한 촉감은 손난로 안에 들어 있는 액체 덕분인데요. 그 정체는 아세트산나트륨 과포화 용액입니다. 이 용액은 충격이 가해지면 결정화되면서 고체 상태로 변화하는데, 그 과정에서 열을 방출합니다. 단단하게 굳은 손난로를 따뜻한 물에 담가 녹이면 재사용할 수 있다는 것이 특징이지요.

그 외에도 특수 가공한 곡물을 데워 쓰는 인형 손난로, 배터리를 충전해 열을 내는 USB 손난로 등 다양한 종류의 손난로가 있으니 사용 목적에 따라 용량과 지속 시간 등을 고려해 자신에게 맞는 핫팩을 고르는 것이 좋아요. 더 따뜻하고 오래 쓸 수 있는 핫팩을 찾는다면 군대에서 사용하는 군용 핫팩을 추천합니다. 군인들은 추운 겨울에도 야외에서 훈련하는 경우가 많아 군용 핫팩은 일반 핫팩보다 더 높은 온도를 오래 유지할 수 있게 만들어졌다고 합니다. 겨울철 캠핑에서 잠자리에 들기 전에 캠퍼들에게 인기가 많은 군용 핫팩을 침낭 속에 몇 개 넣어 두세요. 특히 발이 닿는 부분에 핫팩을 넣어 두면 따뜻하고 포근하게 잠들 수 있을 거예요.

어느 계절이나 캠핑을 떠나는 즐거움이 있지만, 그중에서도 여름 캠핑은 그 계절에만 누릴 수 있는 즐길 거리가 가득합니다. 더운 여름날 시원한 계곡이나 바다에서 한바탕 물놀이를 끝내고 먹는 음식은 또 어떤가요. 그렇게 꿀맛일 수가 없지요. 하지만 계절이 계절인 만큼 무더운 날씨로 인해 음식이 상하는 일이 없도록 주의를 기울여야 합니다. 자칫 잘못하면 식중독 같은 안전사고로 이어질 수 있으니까요. 적정 체온을 유지하는 것도 그 못지않게 중요하지요. 그래서 건강하고 안전한 여름 캠핑을 하기 위해서는 아이스팩이 필수입니다. 아이스팩은 어떤 원리로 만들어질까요?

아이스팩에는 크게 두 종류가 있습니다. 하나는 물이 들어 있는 아이스팩입니다. 이 경우 상온의 물을 적당한 용기에 담아 얼리는 단순한 과정을 거쳐 아이스팩이 만들어집니다. 이렇게 만들어진 아이스팩을 몸에 대면, 얼음이 녹아 물이 되는 과정에서 아이스팩이 신체의 열을 흡수하게 됩니다. 즉 고체가 액체로 변하는 상변화에는 열이 필요하므로 주변의 열을 흡수하면서 온도가 내려가는 것입니다.

또 하나는 고흡수성 수지(SAP, Super Absorbent Polymer)가 들어 있

는 아이스팩입니다. 고흡수성 수지는 아기 기저귀나 생리대에 들어 있는 고분자 물질인데 물을 흡수하는 능력이 뛰어납니다. 보통 자기 부피의 50~1,000배의 물을 흡수하고 한번 물을 빨아들이면 압력이나 열을 가해도 물이 쉽게 빠져나오지 못합니다. 많은 양의 물을 흡수한 상태에서 젤 형태로 변하기 때문에 물이 샐 염려도 없답니다.

고흡수성 수지는 물과 함께 용액을 이루므로 어는점이 더 내려갑니다. 용질이 용매에 녹아 있는 상태인 용액의 어는점은 순수한 용매일 때의 어는점보다 낮아지는데, 이러한 현상을 '어는점 내림'이라고 합니다. 추운 겨울에 기온이 영하로 내려가면 강물은 얼지만 바닷물은 얼지 않는데 이 현상도 어는점 내림과 관계가 있습니다. 용질이 많이 녹아 있을수록 용액의 어는점은 그 농도에 비례해 더 내려가지요. 순수한 물만 들어 있는 경우에는 어는점이 0℃이지만 고흡수성 수지가 들어가면 용액의 어는점이 −10℃까지 내려갑니다. 따라서 녹는 속도도 느리고 다 녹기까지 훨씬 낮은 온도를 유지할 수 있어요.

더 차갑고 더 천천히 녹는다니, 이렇게 보면 고흡수성 수지로 만든 아이스팩이 물로만 만든 아이스팩보다 성능이 뛰어나다고 할 수 있습니다. 그러나 고흡수성 수지가 더 좋다고만 볼 수는 없어요. 고흡수성 수지가 들어간 아이스팩은 사용 후 폐기하

핫팩·아이스팩

목말라!

수분 충전 완료!

는 과정에서 환경오염을 일으킬 가능성이 많습니다. 환경부에서 공표한 〈재활용 분리배출 가이드라인〉에 따르면 이런 유형의 젤 아이스팩은 일반 쓰레기로 배출해야 합니다. 고흡수성 수지는 재활용이 불가능한 플라스틱이기 때문이에요. 고흡수성 수지를 하수구에 버리면 물을 젤 형태로 흡수해 하수구가 막힐 수도 있고 수질오염도 초래하므로 반드시 다시 얼려 재사용하거나 일반 쓰레기로 버려야 합니다.

이렇게 환경에 부정적인 영향을 끼친다는 이유로 환경부는 젤 아이스팩에 폐기물 부담금을 부과하기 시작했습니다. 대신 물에 전분이나 소금을 섞어 만든 친환경 아이스팩을 사용하도록 유도하고 있고요. 그 결과로 젤 아이스팩 사용이 점차 줄어들고 있습니다.

한국소비자원에서 17개 사업장을 대상으로 실시한 조사에 따르면, 2019년에 사용된 고흡수성 수지 아이스팩은 732만 개(32%)이고, 친환경 아이스팩은 1,549만 개(68%)입니다. 그런데 2020년에는 아이스팩 사용량이 전년 대비 약 28.3% 증가하는 한편 그중 친환경 아이스팩의 사용 비율이 80%로 2.5배 이상 늘어났습니다. 환경을 생각하는 정책과 기업의 노력이 더해져 좋은 성과를 낸 사례라고 할 수 있겠네요.

그렇다면 캠핑에서 아이스팩을 대신할 보냉 방법은 없을까

핫팩·아이스팩

요? 아이스팩 대신 물이 든 페트병을 그대로 얼려서 이용할 수 있습니다. 아이스팩보다는 온도가 조금 더 높고 오랜 시간 사용하긴 어렵겠지만 장기간 보냉을 할 게 아니라면 아이스팩과 큰 차이가 없을 거예요. 아이스박스에 넣을 것을 고려한다면 1.5L 페트병보다 500ml 페트병 여러 개가 공간 활용에 더 좋답니다. 이렇게 얼린 물을 아이스팩으로 사용한 뒤 물이 녹으면 식수로 마실 수 있으니 일석이조의 효과를 누릴 수 있겠지요?

열에너지가 출입하는 화학반응

앞에서 살펴본 핫팩이나 아이스팩의 공통점은 무엇일까요? 두 가지 모두 화학반응이 일어날 때 열이 출입하는 성질을 이용한다는 점입니다. 화학반응이란 물질의 상태가 달라지는 것을 말하는데, 그 과정에서 가지고 있던 에너지를 방출하거나 외부의 에너지를 흡수합니다. 이때 에너지를 방출하는 반응을 발열반응이라고 하고 에너지를 흡수하는 반응은 흡열반응이라고 합니다. 발열반응이 일어나면 주변의 온도가 높아지고, 반대로 흡열반응이 일어나면 주변의 온도가 낮아지지요.

　우리가 자주 보는 화학반응은 대부분 발열반응입니다. 물질의

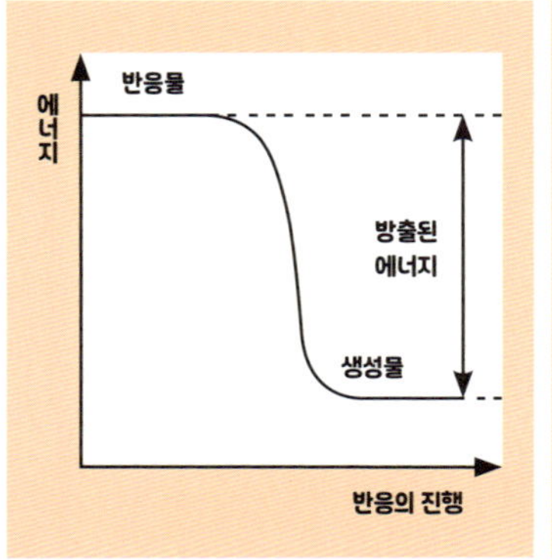

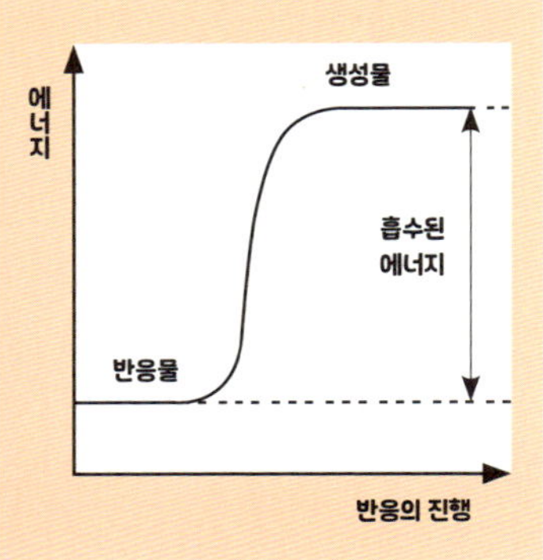

〈발열반응〉　　　　　　　　〈흡열반응〉

위 그래프는 화학반응이 진행됨에 따라 반응물과 생성물 사이에서 에너지가 어떻게 이동하는지 보여 준다. 발열반응이 일어날 때는 에너지가 방출되고, 흡열반응이 일어날 때는 에너지를 흡수한다.

에너지가 낮아지는 쪽으로 가는 것이 더 안정적이어서 그렇습니다. 대표적 예로 물질이 연소하는 반응이나 산과 염기의 중화반응, 금속과 산의 반응, 금속이 녹스는 반응 등이 있습니다. 캠핑에서 장작을 태워 불멍을 할 때도 연소 반응에서 나오는 열에너지와 빛에너지를 이용하지요.

발열반응만큼 많지는 않지만 우리 주변에서 일어나는 대표적 흡열반응으로 광합성 반응을 들 수 있습니다. 식물이 광합성을 할 때 태양의 빛에너지가 필요한 이유는 바로 광합성이 에너지를 흡수하는 흡열반응이기 때문입니다. 또 물질이 물에 녹는 반

핫팩·아이스팩

응 중에서 흡열반응을 많이 찾아볼 수 있습니다. 예를 들어 소금과 물이 반응하는 과정에서 열에너지를 흡수해 소금물은 물보다 온도가 더 내려가는데, 이런 특징을 이용해 한제를 만들 수 있답니다.

이렇듯 열의 출입이 나타나는 원리를 이용하면 핫팩이나 아이스팩 외에도 발열반응 혹은 흡열반응을 하는 다양한 제품을 만들 수 있겠지요. 발열 깔창이나 발열 컵, 냉찜질 주머니, 아이스 마스크 등 우리의 생활을 편리하게 해 주는 많은 제품이 나와 있습니다.

캠핑에서 활용할 수 있는 발열 도시락도 그중 하나입니다. 발열 도시락에는 발열체로 산화칼슘이 들어 있습니다. 산화칼슘은 물과 만나면 격렬히 반응하면서 열에너지를 방출합니다. 그 열에 의해 물이 끓으며 음식을 데워 주는 원리이지요. 배낭 하나 매고 가볍게 떠나는 백패킹에서는 스토브나 냄비, 연료를 모두 챙겨 가는 것이 부담스러울 수 있어요. 그럴 때 간편하게 챙겨 갈 수 있는 것이 발열 도시락입니다. 발열 도시락으로 무얼 조리해 먹을 수 있을까요? 라면? 만두? 떡볶이? 덮밥? 벌써 입에 침이 고이는 것 같습니다.

상비약

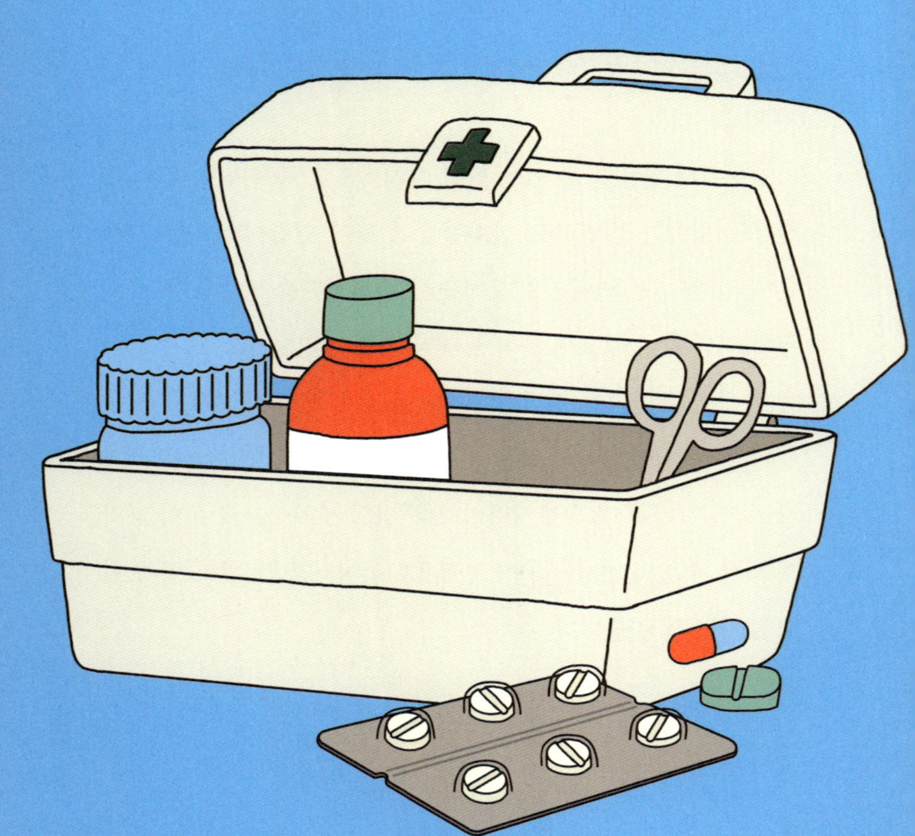

야외 활동에 필수!
내 몸을 지켜 줘

텐트를 칠 때, 불을 피울 때, 캠핑 장비를 다룰 때, 야외 취침을 할 때 등 익숙하지 않은 공간에서 하루를 보내다 보면 뜻하지 않은 일이 발생하곤 합니다. 당장 전문가의 도움을 받을 수 없을 때 어떻게 하면 슬기롭게 대처할 수 있을까요? 대처도 중요하지만 무엇보다 안전 수칙을 잘 지켜야 별 탈 없이 캠핑을 즐길 수 있어요. 밀폐된 텐트 내에서 주의할 점, 모기 퇴치법, 비상시 필요한 휴대용 구급약 등 캠핑장에서 꼭 알아야 할 것들을 숙지하고 안전 수칙을 잘 따라 부상과 사고 없이 즐거운 캠핑이 되도록 해봅시다!

히터 켜 둔 채 잠들면 절대 안 돼!
일산화탄소중독 주의보

캠핑장에서 사용하는 난로는 한글날 꺼내서 어린이날에 넣는다는 캠퍼들 간의 암묵적 규칙이 있습니다. 캠핑은 야외에서 이루어지기에 추위와의 싸움이에요. 흔히들 캠핑은 내 돈 주고 집 나가 고생하는 것이라고 하지요. 캠퍼들은 그 와중에도 조금이라도 더 따뜻하고 쾌적한 캠핑을 하기 위해 불 다루는 장비를 고르는 데 심혈을 기울입니다. 그러나 어떤 화롯대와 난로를 준비하느냐보다 더 중요한 건 안전 수칙을 잘 지키는 것입니다.

불을 많이 사용하는 계절에 캠핑장에서 발생하는 사고로는 일산화탄소중독이 가장 많습니다. 일산화탄소중독은 몸속에 산소가 아닌 일산화탄소가 과다한 상태를 말해요. 환기창을 열어 두지 않은 채 산소가 충분히 공급되지 않는 텐트나 자동차 같은 밀폐된 공간에서 나무 장작, 가스, 연탄, 석유에 불을 붙여 난방기구를 사용할 경우, 산소가 빠르게 감소하고 일산화탄소 발생량이 급격히 늘어납니다.

일산화탄소는 무색, 무취, 무미, 비자극성을 띠는 물질이어서 머무르는 공간 내에 일산화탄소 농도가 높아지고 있다는 사실을 알아차리기 어렵습니다. 간혹 민감한 사람은 극심한 두통을

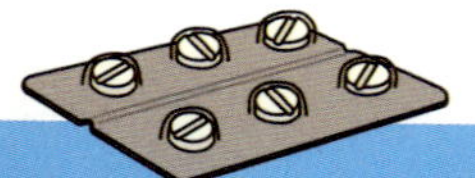

느끼거나 구역질을 하며 잠에서 깨어나 가까스로 사고에서 벗어나기도 하지만, 대부분은 자신도 모르는 새 일산화탄소에 중독돼 사망하거나 의식불명에 이르게 되지요.

일산화탄소는 탄소가 포함된 물질이 연소하면서 발생합니다. 연소의 종류에는 '완전연소'와 '불완전연소'가 있는데요. 완전연소는 산소 공급이 충분한 상태에서 물질(연료)이 완전히 타서 물(수증기)과 이산화탄소를 발생시키는 것을 말합니다. 반면 물질이 연소할 때 산소 공급이 불충분하거나 온도가 낮으면 완전히 연소되지 못하고 물과 이산화탄소뿐만 아니라 중간생성물인 일산화탄소와 그을음이 함께 생성됩니다. 이 현상을 불완전연소라고 합니다. 일산화탄소는 불완전연소의 결과물이라고 할 수 있어요.

일산화탄소가 우리 몸에 어떤 영향을 미치는지 알려면 먼저 체내 산소 운반의 원리를 이해해야 합니다. 우리 몸의 혈액세포 중 적혈구는 핵이나 미토콘드리아 같은 세포 내 소기관이 없습니다. 대신 헤모글로빈이라는 단백질이 한 적혈구당 약 300만 개 있는데, 이 단백질은 철을 포함하고 있어 산소와 잘 결합합니다. 그래서 폐에서 산소와 결합해 신체의 각 부분으로 나누어 주는 역할을 담당한답니다.

그런데 철은 산소와 비슷한 방법으로 일산화탄소와도 결합할 수 있습니다. 심지어 일산화탄소는 적혈구 속 헤모글로빈과 결

일산화탄소 경보기의 센서는 일산화탄소가 산화될 때 발생하는 전기 화학반응을 감지해 그 농도를 측정한다.

합하는 힘이 산소보다 200배나 더 강해요. 따라서 일산화탄소가 폐 속으로 조금만 들어와도 산소보다 먼저 헤모글로빈과 결합해 버려 산소를 각 조직으로 제대로 실어 나르지 못하는 문제가 생깁니다.

그러니 가장 중요한 건 예방이겠지요? 일산화탄소중독은 어떻게 예방해야 할까요? 수시로 환기하는 습관이 최우선입니다. 텐트 안에서 불 피우지 않기, 난로 대신 침낭과 핫팩으로 보온하기, 꼭 난로를 사용해야 한다면 가급적 자동 소화 기능이 있는 것을 사용하고 주변에 물을 뿌려 주는 것도 좋은 방법이에요. 이렇게 하면 수분이 증발하면서 불꽃이 산소 공급을 원활하게 해

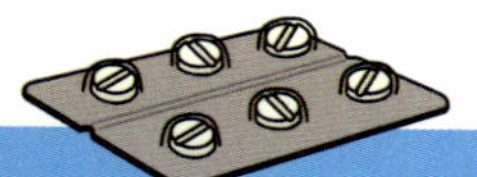

주어 불완전연소를 감소시킵니다. 캠핑용 일산화탄소 감지 경보기를 휴대하는 것도 잊지 마세요!

모기는 왜 나만 물까?

달갑지 않은 여름 방문객 모기, 캠핑의 밤에도 빠지지 않고 등장하는 단골손님입니다. 유난히 모기에 잘 물리는 사람들이 있습니다. '다른 사람은 놔두고 왜 나만 무는 걸까?' 생각해 본 적 있나요? 이때 제일 많이 들은 소리는 아마 '네 피가 달아서 그래!'였겠지요. 과연 그럴까요?

사실 모기에 잘 물리는 것은 땀 냄새와 체취 때문입니다. 모기는 이산화탄소 배출이나 체열을 감지해 사람을 물지만, 땀과 피부에서 나오는 분비물의 냄새도 모기가 사람을 감지하는 데 중요한 역할을 합니다. 모기는 2m 이상 앞은 볼 수 없을 정도로 시력이 나쁜 대신 후각이 발달했어요. 모기의 후각기관은 더듬이, 작은턱 수염, 주둥이로 구성되는데 작은턱 수염은 15m 밖의 이산화탄소를 알아차리고, 주둥이는 사람이나 동물 땀에서 나는 젖산과 향기 성분을 30m 밖에서도 감지할 수 있습니다. 모기 주둥이에 있는 탐침 모양의 빨대 맨 앞쪽에 감각모가 있고 여기에

저기서
맛있는 냄새가 나는군.

후각 수용체가 존재합니다.

흥미로운 것은, 모기라고 다 사람 피를 빨아먹는 것은 아니라는 사실입니다. 수컷 모기는 꽃에서 나오는 달콤한 꿀을 먹고 살지만, 암컷 모기는 산란기가 되면 알을 낳기 위해 동물의 피에서 영양분을 얻어야 하므로 사람도 무는 것이랍니다. 즉 출산이 임박한 임신부 모기가 우리의 피를 빨아먹는다는 말입니다!

모기가 긴 관으로 피부를 쿡 찔러 피를 쭉쭉 빨고 나면 모기 침의 성분 때문에 물린 곳이 빨갛게 붓고 가렵습니다. 그런데 우리가 모기에 물리지 않도록 조심해야 하는 이유는 가려움증보다도 모기가 옮기고 다니는 감염성 질환 때문이에요. 중국얼룩날개모기는 말라리아를, 흰줄숲모기는 뎅기열을 전염시키고, 작은빨간집모기는 일본뇌염을, 이집트숲모기는 황열을 일으킵니다.

이 중에서 생명을 위협할 정도로 가장 위험한 것은 말라리아입니다. 세계보건기구(WHO)에 의하면 전 세계에서 해마다 모기에 물려 말라리아에 감염되는 사람의 수는 무려 2억 명이고, 이 중에서 40만 명이 사망합니다. 최근에는 한국에도 말라리아 환자가 증가하고 있는데, 열대 및 아열대 기후가 적도에서 확장돼 점점 넓어지면서 과거 모기 매개 질병이 없던 곳까지 말라리아가 침범하고 있기 때문이에요. 지구 평균온도가 상승하면서 모기의 활동 기간도 과거에 비해 늘어났습니다.

말라리아는 원충이 모기에 의해 전파되어 적혈구에 기생하다가 적혈구를 파괴하는 질병이에요. 한두 시간 동안 오한, 두통, 메스꺼움 증세가 나타나는 오한기로 시작해서, 피부에서 열이 나 건조해지고 맥박과 호흡수가 빨라지는 발열기가 3~6시간 이상 지속된 후, 땀을 흘리는 발한기로 이어집니다. 이외에도 환자는 적혈구가 파괴되어 빈혈이 발생하고, 파괴된 적혈구와 헤모글로빈이 쌓여 비장이 커지게 되며, 항혈소판 항체가 형성되어 혈소판감소증과 같은 증세를 보입니다.

말라리아는 매년 많은 사람에게 전염되는 위험한 질병이지만 치료제와 살충제, 퇴치제 등 인간의 발명품이 사망률을 획기적으로 낮춰 주었습니다. 2015년 중국 연구자 투유유는 개똥쑥 약초에서 말라리아 치료제 성분인 아르테미시닌을 분리한 성과로 노벨 생리의학상을 받았습니다. 아르테미시닌은 투여 후 48시간 내에 원충을 박멸하고, 다른 어떤 말라리아 치료제보다 뛰어난 해열 작용을 보입니다. 기존 말라리아 치료제에 내성을 보이는 원충에도 효과적이지요.

모기에 물려 병이 옮지 않으려면 살충제와 기피제를 사용하는 방법이 있습니다. 모기 살충제는 살충 효과가 강력한 성분으로 모기의 신경계를 공격해 마비 증세를 일으켜 모기를 죽게 만듭니다. 그중 모기향에는 심혈관 질환을 일으키는 피레트로이드

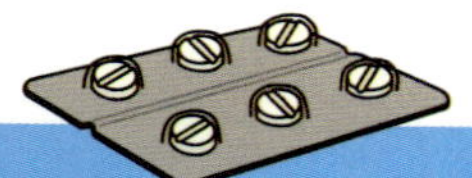

개똥쑥의 아르테미시닌 성분은 말라리아의 원충을 박멸할 뿐만 아니라 해열, 항염, 진통, 항균 등 다양한 효능이 있다.

계열 살충제가 들어 있습니다. 그러나 벌레에만 강하고 사람에게 순한 살충제는 없답니다. 이런 살충제가 사람에게 과하게 노출되면 호흡기 장애, 근육 마비 등 심각한 부작용을 가져올 수도 있습니다.

모기 기피제는 모기가 싫어하는 물질을 피부나 옷 등에 뿌리거나 발라서 모기에 물리는 것을 방지해 주는 제품입니다. 기피제에 포함된 디트 성분은 모기가 싫어하는 냄새를 증기로 발생시켜 모기를 쫓아냅니다. 또한 이카리딘 성분은 모기가 사람의 냄새를 맡지 못하게 방해해 모기를 피할 수 있도록 도와줍니다.

살충제나 기피제를 선호하지 않더라도 걱정 마세요. 인류는 어떻게든 모기를 피하기 위해 기발한 물건들을 많이 발명해 놓았으니까요. 모기에게 전기 충격을 주는 전기 모기채, 모기가 싫어하는 유칼립투스 성분이 포함된 옷, 모기 퇴치 팔찌, 초음파를 이용한 모기 퇴치 애플리케이션 등으로 몸을 보호할 수 있답니다.

상비약 삼총사 해열제·소화제·설사약

실내 활동을 하다가 갑자기 야외 활동을 하면 감기나 몸살, 두통을 겪을 수도 있습니다. 날씨가 변화무쌍한 환절기라면 더욱 그렇지요. 병원에 갈 수 없는 상황에서 몸이 이상 신호를 보낼 때를 대비해 꼭 챙겨야 하는 약으로 해열제, 소화제, 설사약이 있습니다. 이런 약들은 우리 몸에서 어떻게 작용할까요?

열이 날 때는 체온이 오르면서 몸이 덜덜 떨리며 추위를 느낍니다. 이때 땀이 나면서 열이 떨어지기 때문에 땀이 나는 것은 내 몸이 감기와 잘 싸우고 있다는 의미입니다. 만약 오한이 드는데도 땀이 나지 않아 체온조절이 되지 않는다면 해열제를 사용해야 합니다. 이 해열제는 체온을 올리는 주범인 프로스타글란

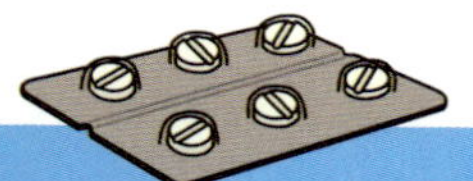

딘이라는 물질이 생성되지 못하게 합니다. 열이 올라가는 이유
는 세균 감염 때문인데, 해열제를 복용하면 우리 몸은 감염의 요
인이 사라졌다고 착각하기 때문이에요. 즉 해열제가 병의 원인
을 근본적으로 해결해 주지는 못하지만 고열로 인한 합병증을
예방할 수는 있습니다.

만약 깜빡하고 해열제를 챙기지 못했어도 괜찮습니다. 체온
과 비슷한 온도의 물로 몸을 닦아 열을 내릴 수도 있으니까요.
수건에 물을 적신 뒤 등과 목, 팔과 다리를 골고루 닦아 주면 열
이 기화되어 증발합니다. 단, 젖은 수건을 몸에 두르거나 차가운
물로 씻는 것은 혈관을 수축시켜 열을 더 높일 수 있으므로 건
강에 좋지 않은 방법입니다.

캠핑의 분위기에 취해 평소 식사량보다 많이, 급하게 먹으면
소화효소가 충분히 작용하지 못해 복통이 생길 수 있습니다. 집
이 아닌 곳에서는 화장실을 잘 가지 못하는 사람이라면 이러한
배변 습관이, 또는 새로운 잠자리 환경이 주는 스트레스가 소화
불량의 원인이 되기도 합니다.

우리 몸에 있는 소화효소는 탄수화물의 소화를 돕는 아밀레
이스와 단백질의 소화를 돕는 펩신과 트립신, 지방의 소화를 돕
는 리페이스 등으로 구분됩니다. 아밀레이스는 입에서, 펩신은
위에서, 트립신과 리페이스는 소장에서 음식물을 분해해요. 소

화제에 들어 있는 소화효소도 그 성분에 따라 소화에 도움을 주는 영양소가 다릅니다. 그리고 동물의 췌장이나 식물 혹은 균에서 추출한 소화효소도 포함되어 있어요.

음식을 잘못 먹으면 소화불량으로 위장이 불편한 것을 넘어 화장실에 자주 들락거릴 정도로 탈이 날 수 있습니다. 특히 여름철은 높은 기온과 습한 날씨로 미생물이 증식하기 좋은 환경입니다. 캠핑할 때 음식물을 잘못 보관해서 미생물이 증식하면 급성 감염성 설사나 식중독으로 인한 배탈이 날 수 있어요. 실제로 살모넬라균, 황색 포도상구균 등 식중독의 원인 세균은 체온 범위인 36~37℃에서 잘 증식합니다.

설사약은 장운동 억제제와 수렴·흡착제가 있습니다. 보통 지사제라고 불리는 장운동 억제제는 장의 연동운등을 감소시켜 설사를 멈추게 합니다. 장 근육의 신경에 직접 작용하는 약물로 음식물이 장에 머무르는 시간을 늘리는 원리이지요. 단, 설사와 함께 발열, 혈변, 심한 복통 등이 나타나면 감염성 설사가 의심되므로 약을 먹지 말고 재빨리 병원에 가서 의사의 진료를 받아야 합니다. 한편 수렴·흡착제는 장내 독성 물질이나 세균을 장 밖으로 빠르게 배출시킵니다. 이 약을 사용하면 장의 운동이 활발해져 변의 양이 많아지거나 변이 부드러워져요.

밖에서 식사할 때는 음식이 상하지 않았는지 항상 잘 살펴야

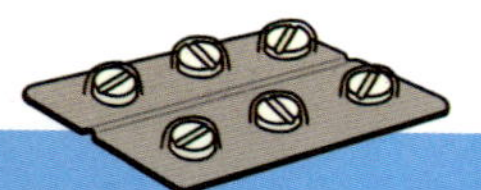

해요. 상온에 오래 방치된 음식이나 날것은 되도록 피하는 것이 좋습니다. 또한 식재료는 필요한 만큼만 구입해 되도록 빠른 시일 내에 먹어야 합니다. 무엇보다 중요한 것은 '손 씻기의 생활화'입니다. 손만 잘 씻어도 한 번에 6만 마리 세균을 없앨 수 있다고 하니 슬기로운 캠핑 생활을 위해서도 손 씻기는 필수랍니다.

카메라

최고의
일출 사진을 위하어

캠핑장에서는 '텐풍' 사진을 찍는 사람들을 많이 볼 수 있습니다. 텐풍은 '텐트 풍경'의 줄임말로 텐트를 친 후 주변 풍경과 텐트가 함께 보이도록 찍는 사진을 말해요. 캠핑의 밤을 보내고 나서 아쉬움이 남는다면 아침 일찍 일어나 텐트와 함께 일출 풍경을 카메라에 담아 보기를 추천합니다. 1박 2일 캠핑을 아름답게 마무리하고, 오래오래 캠핑의 기억을 간직할 수 있을 거예요. 그런데 이렇게 일상의 추억을 온전히 기록할 수 있도록 해 주는 카메라는 누가, 언제 처음 사용했을까요? 카메라의 원리부터 멋진 일출 풍경을 찍는 비법까지 차근차근 알아봅시다.

여러분은 언제 사진을 찍나요? 오랜만에 만난 사람들과 만남을 기념하기 위해 사진을 찍기도 하고, 특별한 장소를 방문한 후 인증하기 위해 사진을 남기기도 합니다. 가끔은 하늘에 떠 있는 달을 찍기도 하고, 노을이 지는 멋진 풍경을 사진에 담기도 하지요. 이렇듯 소중한 순간을 간직하기 위해 우리는 카메라로 사진을 찍습니다.

우리가 카메라로 세상을 기록하기 시작한 건 그리 오래되지 않았습니다. 사진의 역사는 19세기 초로 거슬러 올라가는데, 그 이전에는 화가들이 카메라 옵스큐라(바늘구멍 사진기)를 이용해서 정밀한 그림을 그렸어요. 이 카메라 옵스큐라로 물체의 상이 맺히게 하고 그 위치에 반투명한 유리와 종이를 올려 둔 후 상을 따라 그림을 그리는 방식이었습니다. 그러다가 1826년 프랑스의 조제프 니세포르 니에프스라는 사람이 카메라 옵스큐라를 이용해 처음으로 사진을 찍었습니다. 그는 태양 광선을 이용한 사진 기법인 '헬리오그래피'를 사용했는데, 이는 8시간가량 햇빛에 길게 노출시킨 후 그 빛에 기름이 녹는 현상을 활용하는 것이었어요. 즉 빛에 노출되면 굳어지는 기름을 바르면, 빛을 받은 부분만 사진이 남아 형상화되었지요.

그 이후 카메라 기술은 계속 발전했습니다. 1888년 조지 이스트먼이 코닥 카메라를 출시하면서 일반인들도 쉽게 사진을 찍을 수 있게 되었습니다. 필름을 사용하면서 여러 장의 사진을 촬영하는 것이 가능해졌을 뿐만 아니라, 필름을 현상소에 보내면 인화도 해 주었습니다. 1930년대에는 컬러필름이 개발되었고, 1990년대에는 디지털카메라가 사진에 새로운 혁명을 불러왔습니다. 그 결과 오늘날에는 어디서나 쉽게 사진을 찍고, 고화질의 사진과 동영상 촬영도 가능해졌지요.

휴대폰 카메라의 역사는 2000년대 초반부터 시작되었다고 할 수 있습니다. 당시 휴대폰에 디지털카메라가 장착되면서 무거운 카메라를 들고 다니지 않아도 간편하게 사진을 찍을 수 있게 되었습니다. 초기에는 사진을 다른 기기로 옮길 수도 없었고, 용량이 적어 최대 20장 정도의 사진만 저장할 수 있었지만 점점 화질이 좋은 사진을 더 많이 찍을 수 있도록 발전을 거듭했습니다. 최근 스마트폰 카메라는 사진과 동영상을 전송하는 것은 물론 실시간 화상통화와 방송까지 가능할 정도로 진화했습니다. 심지어 100배 줌까지 확대가 가능해 천체망원경 없이도 달의 바다와 크레이터를 선명하게 찍을 수 있답니다.

카메라는 일상을 기록하는 것을 넘어 과학 연구에서도 이용되고 있습니다. '과학 사진(Scientific Photography)'은 시력의 한계로

전기 설비의 과열 문제를 예방하기 위해 열화상 카메라로 기계의 온도를 탐지하고 있다.

인해, 혹은 적합한 연구 방법이 없어 기록하기 힘들었던 대상을 사진을 이용해 분석, 평가, 측정하는 접근법을 의미합니다. 이때 사용되는 사진 장비는 일반적인 카메라와는 조금 다릅니다. 예를 들어 엑스레이(X-ray)는 인체 내부처럼 육안으로 볼 수 없는 어떤 것의 내부를 촬용하는 장비입니다. 엑스레이는 빛 대신 방사선인 X-선을 사용하는데, 빛은 물체를 투과할 수 없지만 방사선은 그런 물체도 투과할 수 있다는 특징을 이용한 것이에요. 엑스레이를 이용하면 골절 등 뼈의 이상을 확인할 수 있습니다.

이와 같은 과학 사진 장비의 또 다른 예로 열화상 카메라가

있습니다. 열에너지는 파장이 길어 가시광선으로는 확인이 불가능합니다. 그런데 적외선을 사용하는 열화상 카메라는 가시광선과 달리 열에너지를 감지하고 물체의 온도를 측정할 수 있습니다. 이러한 열화상 카메라는 여러 분야에서 활용되는데, 대표적으로 산업 현장에서 기계의 과열 문제를 탐지하거나 화재 현장에서 열원을 찾아내 사고를 예방하는 데 도움이 됩니다.

닮은 듯 다른 카메라와 사람의 눈

사용하는 빛의 종류나 빛을 조절하는 방식은 카메라마다 조금씩 다르지만, 빛을 이용해 상이 맺힌다는 원리는 대부분의 카메라에서 동일하게 적용됩니다. 그 전신은 앞서도 언급한 카메라 옵스큐라라고 할 수 있어요.

이제부터 카메라 옵스큐라의 구조를 통해 카메라 렌즈에 상이 맺히는 원리를 알아보겠습니다. 캄캄한 상자에 바늘만 한 크기의 구멍을 뚫어 물체에 닿은 빛이 그 바늘구멍을 통과하게 만들면, 상자 안쪽의 반대편 벽에 상자 밖의 빛을 받은 물체의 상이 거꾸로 맺히게 됩니다. 이때 사진의 선명도에 영향을 주는 것은 구멍의 크기입니다. 핀의 구멍이 작을수록 상이 선명해지고,

클수록 윤곽이 흐릿한 이미지가 만들어집니다. 또 핀의 구멍이 작으면 어두운 이미지가, 크면 밝은 이미지가 만들어지지요. 오늘날 카메라는 구멍 대신 렌즈를 사용하고, 조리개를 통해 빛의 양을 조절하지만 카메라 옵스큐라의 원리를 그대로 따르고 있습니다.

이렇게 카메라에 상이 맺히는 원리는 사람의 눈이 물체를 인식하는 원리와 자주 비교됩니다. 카메라와 사람의 눈은 구조가 매우 비슷하고, 또 비슷한 방식으로 이미지를 인식하기 때문입니다. 사람 눈의 경우 동공으로 들어온 빛이 수정체를 지나 망막에 상이 맺히고 시신경을 통해 뇌에 전달됩니다. 카메라는 렌즈를 통해 들어온 빛이 이미지 센서에 닿으면 데이터로 변환됩니다.

카메라

이때 카메라의 셔터가 렌즈로
들어오는 빛을 차단하는데, 우리 눈
의 눈꺼풀이 이 셔터와 같은 역할을 합니다.
또한 카메라의 렌즈가 초점을 조절해
빛을 모아 이미지 센서에 선명한 이미
지를 만드는 것처럼 사람의 눈에 있는
수정체도 빛을 모아 망막에 정확히 맞춘
답니다.

카메라와 사람 눈의 닮은 점은 여기서 끝이 아닙니다. 카메라
에 들어오는 빛의 양을 조절하기 위해서는 카메라의 조리개를
열고 닫아야 합니다. 이와 마찬가지로 우리 눈에서는 홍채가 마

치 카메라의 조리개처럼 동공의 크기를 변화시켜 빛의 양을 조절합니다. 그래서 밝을 때는 동공이 작아지고 어두울 때는 동공이 커지게 되지요. 신호의 변환과 저장 방식에도 유사한 점이 있습니다. 우리 눈에 들어온 빛이 망막에 닿으면 이를 감지하는 시신경들이 그것을 시각 신호로 변환해 뇌로 전달합니다. 카메라에서는 이미지 센서가 빛을 전기신호로 변환해 디지털신호로 저장하지요.

하지만 카메라와 사람 눈이 완전히 똑같은 원리인 것은 아닙니다. 사람의 눈은 카메라에 비해 대상의 왜곡이 적습니다. 카메라 렌즈는 초점 거리와 각도가 제한되어 있어 렌즈의 종류에 따라 물체가 실제와는 다른 방식으로 촬영되기도 합니다. 반면 인간의 눈을 통해 시각 신호로 변환된 사물의 정보가 뇌로 전달될 때는 눈이 놓친 것을 뇌에서 교정하기 때문에 더 실제와 가깝게 이미지가 인식되지요.

최고의 일출 사진을 남기려면

여러분은 사진을 잘 찍는 편인가요? 사진은 기록으로서 의미가 있지만, 잘 못 찍은 사진을 보면 아쉬운 마음이 들기 마련이지

요. 촬영에는 미적 감각도 중요하지만 때에 따라 렌즈와 구도, 기능 등을 잘 활용하면 수준급의 사진을 찍을 수 있습니다. 행복한 캠핑의 현장을 기록해 줄 사진 찍기 비법, 함께 알아볼까요?

카메라 렌즈는 그 종류와 기능이 매우 다양합니다. DSLR 등 전문 카메라는 경우에 따라 렌즈를 바꿔 끼워야 하는 번거로움이 있으므로, 전문가가 아닌 이상 DSLR이 아닌 스마트폰 카메라로도 충분하답니다. 스마트폰에는 광각·표준 렌즈, 초광각 렌즈, 접사 렌즈(메크로 렌즈)가 탑재되어 있어서 어떤 대상을 찍으려 하는지에 따라 자동적으로 렌즈를 바꿔 줍니다.

광각·표준 렌즈는 스마트폰의 기본 카메라입니다. 이 렌즈는 사람의 시각과 유사한 각도로 사물을 보여 주고, 1배 줌 촬영 시 보이는 모습을 그대로 찍어 줍니다. 초광각 렌즈는 120도 이상의 넓은 화각을 제공하는 렌즈입니다. 풍경을 찍을 때나 좁은 공간에서 많은 사람을 찍을 때 사람들이 화면에 다 들어가게 사진을 찍을 수 있습니다. 하지만 좌우를 확대하다 보니 렌즈에 왜곡이 생기는 단점이 있지요. 접사 렌즈는 가까운 대상을 촬영하기 위한 렌즈입니다. 근거리에서 찍어도 높은 해상도를 유지하기 때문에 작은 대상을 실물 크기 이상으로 찍을 때 주로 사용합니다.

렌즈의 종류와 특징을 익혔으니 이제 사진 찍을 준비가 되었겠지요? 바닷가 캠핑장에서의 즐거움 중 하나는 아침에 일찍 일

여름에는 태양의 고도가 높아서 일출 시간이 빨라지고, 겨울에는 태양의 고도가 낮아져 일출 시간이 늦어진다.

어나 수평선 위로 떠오르는 일출을 보는 것입니다. 검붉은 수평선 위로 태양이 떠오르기 전, 어두웠던 하늘과 구름은 핑크색에서 붉은색으로 점점 진하게 물들어 갑니다. 그리고 수평선 어딘가에서 태양이 고개를 내밀면 황금빛 광선이 바다 위로 퍼집니다. 이러한 자연의 변화를 보고 있으면 자신도 모르게 황홀감에 빠져들게 될 거예요.

일출을 잘 찍기 위해서는 태양이 뜨는 데 걸리는 시간을 알아야 합니다. 태양이 수평선에 닿고 수평선 위로 완전히 뜰 때까지

는 몇 분 정도가 걸릴까요? 지구는 1시간에 15도씩 자전을 합니다. 이런 지구의 자전 현상 때문에 지구에서 볼 때는 마치 태양이 움직이는 것처럼 보이지요. 하늘에 떠 있는 태양은 1도 이동하는 데 4분 정도가 걸립니다. 그런데 태양은 시직경이 0.5도이기 때문에 태양이 수평선 위로 수직으로 올라간다면 2분이 걸립니다. 그런데 일출 시 우리나라에서는 해가 수직으로 올라오지 않고 비스듬히 뜨기 때문에 대기의 굴절로 인해 실제로는 2분이 넘는 시간이 소요됩니다. 이러한 시간을 고려해 태양이 수평선 위로 올라오기 전부터 촬영을 시작하면 멋진 일출 영상을 얻을 수 있을 것입니다.

캠핑은 소중한 추억을 만드는 특별한 경험입니다. 캠핑 때 찍은 사진을 나중에 다시 보면 당시의 기억과 감정을 생생하게 떠올릴 수 있어요. 일출, 별이 가득한 밤하늘, 울창한 숲 등 아름다운 자연의 모습을 사진으로 남기면 그 아름다움을 언제든지 다시 감상할 수 있을 거예요. 사진을 찍어 소중한 추억을 간직하고, 자신을 표현하고 성장하는 기회로 만들어 보세요!

다음엔 어디로 가 볼까?
또 만나!

1 제로 웨이스트로

김산환, 《오토캠핑 바이블》, 꿈의지도, 2021.

〈지속가능한 캠핑 아이디어 10〉, 《바자르》, 2023. 12. 11. https://www.harpersbazaar.co.kr/article/82552

〈Eco Camping: Your Guide to Environmentally Sustainable Camping〉, 'voyageur tripper' 홈페이지, 2021. 3. 12. https://www.voyageurtripper.com/ultimate-guide-to-eco-camping/

〈5 Sustainable Camping Essentials For Your Next Hike〉, 'goingzerowaste' 블로그, 2022. 8. 16. https://www.goingzerowaste.com/blog/sustainable-camping/

3 텐트

매슈 드 어베이투어, 《캠핑이란 무엇인가》, 민음인, 2014.

〈우리 가족의 재밌는 '과학캠핑' 즐기기〉, 《KISTI의 과학향기》 제2164호, 2014. 07. 02. https://blog.naver.com/withkisti/220047747697

〈'초고층 끝판왕' 두바이 타워 혁신적 설계 원리는 텐트〉, 《중앙일보》, 2018. 05. 26. https://www.joongang.co.kr/article/22657395

4 립낭

이용대, 《등산상식사전》, 해냄출판사, 2010.
이현상, 《인사이드 아웃도어》, 리리, 2021.
〈남의 가슴털 뽑아 네 가슴 따뜻하니?〉, 《한겨레》, 2012. 02. 24. https://www.hani.co.kr/arti/society/society_general/520732.html

5 암석

'강원 고생대 국가지질공원' 홈페이지 https://www.paleozoicgp.com/
'전북 서해안 유네스코 세계지질공원' 홈페이지 https://jwcgeopark.kr/
'청송 유네스코 세계지질공원' 홈페이지 https://csgeop.cs.go.kr/
'한탄강 유네스코 세계지질공원' 홈페이지 https://www.hantangeopark.kr/

6 식물

이나가키 히데히로 지음, 박현아 옮김, 《재밌어서 밤새 읽는 식물학 이야기》, 더숲, 2019.
차윤정, 《열려라! 꽃나라》, 지성사, 2003.
황경택, 《꽃을 기다리다》, 가지출판사, 2017.

8 바비큐

아라후네 요시타카 외 지음, 김나나 외 옮김, 《맛있는 요리에는 과학이 있다》, 홍익출판미디어그룹, 2020.
임두원, 《튀김의 발견》, 부키, 2020.

9 랜턴

〈중2 과학 교과서 완벽하게 분석하기 – 전기와 자기〉, '말랭한 과학교실' 블로그, 2024. 03. 19.~2024. 05. 23. https://blog.naver.com/PostList.naver?blogId=malleng_edu&from=postList&categoryNo=14

10 캠프파이어

Christopher Dana Lynn, "Hearth and Campfire Influences on Arterial Blood Pressure: Defraying the Costs of the Social Brain through Fireside Relaxation", 《Evolutionary Psychology》 Vol.12, 2014.

12 핫팩·아이스팩

〈처치 곤란 '아이스팩' 반납하면 준다더니… "벌써 동났다"〉, 《한국경제》, 2021. 08. 02. https://www.hankyung.com/article/202107301283g
한국소비자원 안전감시국 생활안전팀, 〈친환경 아이스팩 사용 실태조사〉, 2021. 04. 30. https://www.kca.go.kr/smartconsumer/sub.do?menukey=7301&mode=view&no=1003126499

13 상비약

〈모기, 사람 피냄새로 혈관 금방 찾아〉, 《한겨레》, 2019. 10. 19. https://www.hani.co.kr/arti/science/science_general/710091.html

출발! 1박 2일 캠핑 과학

초판 1쇄 발행일 2024년 9월 30일

지은이 권홍진 신지영 한문정

발행인 김학원
발행처 (주)휴머니스트출판그룹
출판등록 제313-2007-000007호(2007년 1월 5일)
주소 (03991) 서울시 마포구 동교로23길 76(연남동)
전화 02-335-4422 **팩스** 02-334-3427
저자·독자 서비스 humanist@humanistbooks.com
홈페이지 www.humanistbooks.com
유튜브 youtube.com/user/humanistma **인스타그램** @humanist_gomgom

편집주간 황서현 **편집** 윤소빈 남미은 **디자인** 유주현 **일러스트** 노이신
조판 아틀리에 **용지** 화인페이퍼 **인쇄·제본** 정민문화사

ⓒ 권홍진·신지영·한문정, 2024

ISBN 979-11-7087-246-7 43400

52쪽 위키커먼스

79쪽 위키커먼스

92쪽 위키커먼스

101쪽 국립백두대간수목원

110쪽 'Marylandbiodiversity' 홈페이지

159쪽 ©한문정

201쪽 위키커먼스

- 크레디트 표시가 없는 이미지는 셔터스톡 제공 사진입니다.
- 이 책에 쓰인 이미지 중 저작권자를 찾지 못하여 게재 동의를 얻지 못했거나 저작권 처리과정 중 누락된 이미지에 대해서는 확인되는 대로 통상의 절차를 밟겠습니다.